•投考公務員系列

投考全攻略

Postal Recruitment Handbook

全港最全面投考郵政筍工指南

郵差 · 郵務員 · 二級助理郵務監督

技能測試、個人面試、能傾試

密集操練 輕鬆過關

Fong Sir 著

序

有「鐵飯碗」之稱的政府工，是很多人夢寐以求的工作。但正因如此，令競爭更加激烈。如何成功爭得「鐵飯碗」將會是每位希望加入政府行列的求職者之必然課題。本書的面世，正是為協助求職者增加獲取錄之機會，助你一擊即中，掌握面試秘技！

本書的內容，大致可分以下幾個範疇：

· 介紹郵政署的工作

· 技能測試過關攻略

· 個人面試答題技巧

· 你必備的郵政知識

· 模擬筆試試卷

Chapter 4 面試決勝關鍵

關於香港郵政

香港郵政（Hongkong Post）於1841年成立，是香港特別行政區政府的郵政部門，原隸屬經濟發展及勞工局，於2007年7月1日決策局重組後，被劃入當新成立的商務及經濟發展局。

郵政署在1995年轉型為營運基金自負盈虧的模式運作，其收入來自售賣特殊郵票、傳統郵遞、特快專遞及繳費服務（如政府部門及公共事業）等。此外，郵政署亦提供辦理電子證書服務。

截至2018年12月31日，香港郵政聘用員工逾7,000人，其中超過70%為公務員，其餘為非公務員的合約僱員。轄下郵務設施包括：兩大郵件處理中心（空郵中心和中央郵件中心）、124間郵政局、27間派遞局、逾1,100個街道郵筒，以及約270部部門車輛。

2017至18年度，香港郵政處理了11.7億件郵件，平均每日處理321萬件郵件。

郵政署
Post Office

香港特別行政區政府機構

署長：　梁松泰
副署長：　魏永捷

部門資訊

成立年份：1841年
所屬部門：商務及經濟發展局
口號：傳心意 遞商機
總部：中環康樂廣場2號
香港郵政總局

聯絡資訊

網址：http://www.hongkongpost.com/ hongkongpost.com

部門組織及架構

在郵政署長轄下，設有1位副署長和3名助理署長。該3名助理署長分別掌管「組織發展部」、「郵務部」和「業務發展部」的工作，另設總監負責財務工作。此外，更有兩位總經理分別處理內部核數、郵票及集郵事務。

香港郵政組織圖

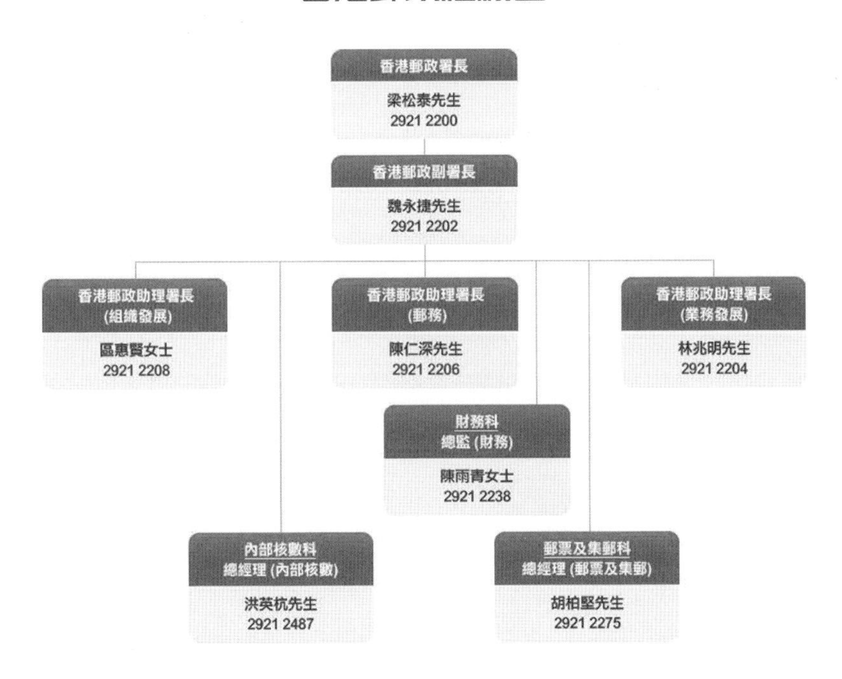

（截至 2018 年 12 月 31 日）

1. 組織發展部

由助理署長領導，部門下分「行政事務科」、「資訊系統服務科」、「基建發展科」、「管理事務科」及「策劃及發展科」，負責為香港郵政提供中央行政和管理支援。主要職能包括：

a. 提供人力資源支援，包括員工招聘、培訓和發展；

b. 制訂和推行基建發展及郵政設施策略；

c. 推行和維持資訊科技系統；

d. 處理與公共關係、保障個人資料及環保工作有關的事宜；

e. 制訂客戶服務的策略。

2. 郵務部

由助理署長統領，下設總監一職。部門下面又分為「門市業務科」、「郵件派遞科」、「郵件處理科」、「國際郵件科」、「生產力促進組」及「運作支援組」。郵務部屬於郵政署的執行單位，負責監察為市民提供的郵政服務，確保達到承諾的標準。主要職能包括：

a. 營運龐大的櫃位網絡，以提供郵政服務；

b. 履行與本地和出入口郵件的收件、處理和派遞有關的職能；以及

c. 制訂客戶服務、改善生產力和健康與安全方面的策略。

3. 業務發展部

由助理署長領導，下設「業務發展科」、「核證機關監管組」、「特快專遞及包裹組」、「服務拓展組」、「本地業務組」、「國際業務一組」、「國際業務二組」、「業務發展科」和「業務發展及客戶關係組」。

業務發展部是郵政處的產業部門，負責制訂業務策略和計劃，以拓展並維持香港郵政服務的競爭力和營利能力。主要職能包括：

a. 制訂和執行業務策略，令特快專遞、本地及國際郵件、門市和物流業務之收入，均能保持增長；

b. 建立和鞏固良好的客戶關係；以及

c. 監察電子證書服務供應商的表現。

郵政總局內的部門分工精細。

三大熱門職位

正如前文提到，郵政署內的部門眾多，分工仔細，絕對不愁沒晉升機會。不過，要數郵政署內最熱門的職位，分別為：郵差、郵務員及二級助理郵務監督。以下，我們會從幾方面（包括學歷要求、工作要求、工作性質和工作前景），介紹這3大熱門職位：

1. 郵差

a. 薪酬：

由每月最初港幣15,735元（入職），至最高港幣27,340元（頂薪）。

b. 入職條件：

(i) 完成中四學業，或具同等學歷（註1）；

(ii) 有能力拉動標準重量的郵袋（約16公斤，即35磅）及背負標準重量的派遞郵袋，且於分揀郵件時能做到手眼協調（註2）；及

(iii) 具備相當於中四程度的中、英文語文能力。

（註1）為提高大眾對《基本法》的認知和在社區推廣學習《基本法》的風氣，所有公務員職位的招聘，均會包括《基本法》知識的評核。獲邀

參加遴選面試的應徵者，其對基本法的認識會在面試中以口頭提問形式被評核。除非兩位應徵者的整體表現相若，招聘當局才會參考應徵者在基本法知識測試中的表現。

（註2）不論男女，皆可申請此職位。獲邀參加體能及技能測試的應徵者須通過拉動標準重量的郵袋及背負標準重量的派遞郵袋的測試，及揀信測試。

c. 主要職責：

（i）執行派遞前準備工作、紮起、護送和收派郵件，包括實地以隨身配備的電腦設備輸入所需資料；

（ii）分揀郵件及郵包，包括操作機械揀信系統及其他器材；

（iii）內勤郵件處理，包括齊信（將信分樓分座排次序）、蓋銷郵件及操作電腦系統以發送郵件及郵包；

（iv）以人手或用機器起卸及搬動郵袋及其他郵件；

（v）執行一般郵局櫃位職務；及

（vi）必須穿著制服、輪班及/或超時工作，或須駕駛郵車。

d. 適合人士：

（i）郵差在戶外工作的時間較長，亦需要勞動，喜歡戶外工作和不介意勞動的人將會較易適應此工作；

（ii）郵差每日都需要派發和處理大量的信件，故為人細心是必要特質；

(iii) 不停地派信，揹起重甸甸的郵袋，體力少一點，手腳不靈活者都不能勝任；

(iv) 派信幾乎是重覆性的工作，不介意工作環境及性質沒有變化的話，就可以考慮；

(v) 拉動標準重量的郵和背負標準重量的派遞郵袋需要一定的力氣，體力勞動是必須的；及

(vi) 於分發郵件時能做到手眼協調。

e. 晉升階梯：

高級郵差

↑

郵差

郵差需要經常作體力勞動。

2. 郵務員

a. 薪酬：

薪金介乎每月港幣16,065元（起薪點），至頂薪每月最高31,855元。

b. 入職條件：

(i) 在香港中學文憑考試五科考獲第2級或同等（註1）或以上成績（註2），或具同等學歷；或在香港中學會考五科考獲第2級（註3）／E級或以上成績（註2），或具同等學歷；及

(ii) 符合語文能力要求，即在香港中學文憑考試或香港中學會考中國語文科和英國語文科考獲第2級（註3）或以上成績，或具同等學歷。

（註1）政府在聘任公務員時，香港中學文憑考試應用學習科目（最多計算兩科）「達標並表現優異」成績，以及其他語言科目C級成績，會被視為相等於新高中科目第3級成績；香港中學文憑考試應用學習科目（最多計算兩科）「達標」成績，以及其他語言科目E級成績，會被視為相等於新高中科目第2級成績。

（註2）有關科目可包括中國語文及英國語文科。

（註3）政府在聘任公務員時，2007年前的香港中學會考中國語文科和英國語文科（課程乙）C級及E級成績，在行政上會分別被視為等同2007年或之後香港中學會考中國語文科和英國語文科第3級和第2級成績。

c. 主要職責：

(i) 執行郵局櫃位職務，保管現金及可轉讓庫存品；

(ii) 分揀各類郵件，並記錄郵件的收發送遞；

(iii) 負責郵件處理工作，包括包裹及特快專遞郵件；

(iv) 會計、財務、核數、文書及統計工作；及

(v) 執行郵務督察的工作及/或承擔監督員工等職責。

(vi) 有需要時，郵務員須輪班及/或超時工作，又或須穿著制服。

d. 適合人士：

(i) 郵務員需要經常與人接觸，包括顧客和郵差，所以需要有良好的溝通能力；

(ii) 郵務員需要處理較多文書工作，所以耐性和細心也是需要具備的。

e. 晉升階梯：郵務員

郵務主任

↑

高級郵務員

↑

郵務員

3. 二級助理郵務監督

a. 薪酬：

由每月港幣22,865元（起薪點），至最高每月港幣53,195元（頂薪）。

b. 入職條件：

(i) 在香港中學文憑考試五科考獲第3級或同等或以上成績，或具同等學歷（註1及註2）；或在香港高級程度會考兩科高級程度科目考獲E級或以上成績，以及在香港中學會考另外三科考獲第3級/C級或以上成績，或具同等學歷（註2）；及

(ii) 符合語文能力要求，即在香港中學文憑考試或香港中學會考中國語文科和英國語文科取得第2級或以上成績，或同等成績（註3）。

（註1）政府在聘任公務員時，香港中學文憑考試應用學習科目（最多計算兩科）「達標並表現優異」成績，以及其他語言科目C級成績，會被視為相等於新高中科目第3級成績；香港中學文憑考試應用學習科目（最多計算兩科）「達標」成績，以及其他語言科目E級成績，會被視為相等於新高中科目第2級成績。

（註2）上述（a）項的科目可包括中國語文科及英國語文科。

（註3）政府在聘任公務員時，2007年前的香港中學會考中國語文科和英

國語文科（課程乙）C級及E級成績，在行政上會分別被視為等同2007年及其後的香港中學會考中國語文科和英國語文科第3級和第2級成績。

（註4）為提高大眾對《基本法》的認知和在社區推廣學習《基本法》的風氣，所有公務員職位的招聘，均會包括《基本法》知識的評核。申請人如獲邀參加筆試，會被安排於筆試當日接受基本法知識筆試。申請人在基本法知識測試的表現，會用作評核其整體表現的其中一個考慮因素。

c. 主要職責：

（i）管理郵政分局的郵政服務和資源管理；

（ii）進行研究和分析數據及資料，以監察機構表現，從而協助部門就郵務運作、業務發展和組織發展等方面作出決策；

（iii）協助尋找新的商機，並對業務需求作出回應，提高盈利能力和顧客滿意程度；

（iv）協助提供資訊科技和郵務機械化方面的解決方案，迎合業務和運作方面的需求；

（v）協助管理辦公地方編配計劃；及

（vi）提供郵政相關業務所需的行政支援，包括國際郵政事務、財務、公關服務和員工培訓與發展。

d. 適合人士：

身為郵政署的管理人員，除了良好溝通能力，領導才能亦必不可少；而監督要處理的工作較多，需要有良好的時間管理技巧。

註：新學制的學歷要求尚待公佈，最新情況可瀏覽公務員事務局網頁。

e. 晉升階梯：

總郵務監督（首長級官員）

↑

高級郵務監督

↑

郵務監督

↑

一級助理郵務監督

↑

二級助理郵務監督

Chapter 02
甄選程序：技能測試

技能測試（一）：負重測試

郵政署的甄選程序分兩部分：第一部分是技能測試，此部分又再細分為「負重測試」和「模擬分揀信件測試」，合格之後才可進入第二部分（面試）。

1. 目的：

要求考生有能力拉動標準重量（約重16公斤，即35磅）的郵袋，及背負標準重量的派遞郵袋。

2. 過程：

主考官會為考生預備兩個郵袋：一個是郵差平日在派信時所用到的綠色單邊郵袋，考生要掛在單邊膊頭，步行10多米後折返，回到起點。

另一個袋是俗稱「白色A袋」的郵袋，考生需將該袋由起點拖行到鐵籠位置，放上去，之後拿回地上，再拖回原位。

由於郵袋有一定的重量，考生在搬運郵袋時，除了要確保自己有足夠力氣外，更重要是留意自己在搬重物時的正確姿勢，因為政府最留意職業安全, 而不少考生往往都會只顧表現力氣，而忽略搬重物的正確姿勢，結果在這關上失分。

3. 技巧：

a. 當拿起郵袋的時候，要讓考官見到你運用的是腳力，而非用腰力。即舉例當你舉袋的時候，不論郵袋本身有多重，都不要彎腰去舉，相反要先蹲下（踎或跪），然後以雙手拿袋（記住暫時不要提起），跟著用雙腳發力企起身。

b. 「拖袋」的時候，千萬不要單手拖，而要用雙手拖。每次拖一袋，切勿一隻手一個袋。

c. 當孭袋上膊的時候，千萬不要一手拿起就上膊，要作勢秤一秤多重，之後蹲下，先將郵袋孭帶上膊，然後雙腳發力企起來。總之不論輕重，都要注意安全姿勢，方有機會過關。

「負重跑走」全攻略

體能測驗要考「負重跑走」，如果體力不夠或不懂技巧，不僅難過關，甚至會造成運動傷害。究竟負重跑走的測驗方式有甚麼應考技巧？考前又該如何準備？

1. 競技體能的5大要素：

a. 爆發力

b. 平衡感

c. 協調性

d. 敏捷度

e. 速度

其中最關鍵的就是爆發力，包含「肌力」和「肌耐力」，因為要搬起郵袋，你必須對抗16公斤重物的地心引力，故此肌力就很重要，肌力分為絕對肌力和相對肌力，雖然體重不等於肌力大，不過一般而言男生的肌肉較大，絕對肌力也比較強，所以要透過訓練增加肌肉的質量。

2. 體能訓練的兩大原則：

第一是「個別化原則」，因為每個人的體能狀況不同，必須了解自己的體能狀況；第二是「特殊化原則」，因為每個動作訓練到的肌群不同，這樣的訓練才會到位。一般來說，訓練過程又要遵照以下幾個細分的原則：

a. 漸增原則：

運動量要慢慢增加，如果你從沒訓練過一次就要拿16公斤的重物，技巧不對就很容易受傷，因為郵袋真的很重！所以必須循序漸進，例如5公斤→10公斤→16公斤，像這樣慢慢增加訓練量，訓練時可以拿大袋子裝重物做練習。

b. 超載原則：

經過訓練後，你的體能也因為運動的刺激而有所進步，這時要做的是訂立更高的目標，包含次數、強度、持續時間這些都可以增加，經由一次又一次的調整目標，讓自己的體能達到考試要求的標準。

c. 可逆性原則：

體能進步不是一蹴而至，但是體能要退化可是非常快，人過了25歲後體能就會衰退，只要一陣子沒運動就回到原點，例如考生如果平時想訓練腿部肌肉可以多行樓梯，記得練「上樓」不是練下樓，因為運動到的肌群不一樣，這樣你的小腿肌肉就會結實一點，相對於腿，手的肌肉就沒這麼好練，所以搬郵袋時要懂得善用其他肌肉來輔助。

d.「FIT原則」（Frequency, Intensity, Time）

（i）Frequency（頻率）：

從今天開始就要規律運動！並針對個人的身體狀況來改變你的運動方式，頻率大約每星期2次至兩星期5次，這樣會提高你的心肺功能，提高代謝，比較不易肥胖，心情也會愉快，運動後記得要休息，不要每天操練你的身體，這樣才會有良性循環。

（ii）Intensity（強度）：

衡量運動強度是否恰當的指標就是「最大心跳率」，英文縮寫為MHR，最普遍的計算方式是「220減年齡」。即如果你今年20歲，你的MHR就是220-20=200，也就是每分鐘心跳200下是你的最大心跳率，一般來説達到能達到MHR的70%就能達到足夠的運動量，例如MHR是200，你只要能達到200x70%=140下就很足夠，想知道自己的最大心跳率很簡單，就是你運動到一半時停下來按自己的脈搏，算自己每10秒心跳幾次，再乘以6就是每分鐘的心跳次數。

（iii）Time（時間）：

一般來說有氧運動是30分鐘以上才有效，我們是建議全程約50分鐘（包含暖身運動）並建議心肺訓練→重量訓練→心肺訓練這樣交叉訓練，讓肌群能獲得休息。

3. 其他注意事項：

a. 力學理念的認知：

首先要注意的是搬郵袋不能單靠雙手的力氣，而是要用多個肌群，如果你只靠手的力量可能搬3次就會扭傷腰！記得搬的時候膝蓋要彎，用「蹲」的方式去舉沙包，這樣除了腰，還能用二頭肌、三頭肌的力量，肌耐力才能撐到最後一刻。

b. 動作非常重要：

（i）拿沙包時要蹲低，不要硬拿，否則腰一定會受傷！

（ii）抓的時候用雙手抓提郵袋的上下兩端，把封口抓住

（iii）把郵袋靠在腹部，善用衣服的摩擦力，這樣會比較輕鬆。

（iv）在測驗前先把流程在腦海從頭到尾演練一遍，想清楚自己預計要怎麼做，這樣真正測驗時出錯的機率會降很多。

技能測試（二）：分揀信件

1. 目的：

分揀信件亦即「分信」。考官會為考生預備一張郵差平時工作用的信枱，以及一疊信件。考生要將信件放到正確的格中，如果有其他地區的信則要放到指定的盒中，而如未能確定地址書寫是否正確，就可以放到一個箱入面（不計分）。這部分測試的目的，是要求考生分得快而準。

分揀信件要快而準

2. 過程：

a. 限時3分鐘，分60封信，入面中、英文錯地址的信都會有。

b. 考試開始前，考生有1分鐘時間看清楚分信枱上的格子。每個架都分3層，3層合共約有100個格，考生只要按信封上的地址，依大廈、層數和室號入對格子便可。

c. 架內另有一格叫「錯分郵件」，考生可將寫錯地址的信件放入去。

d. 完成測試後，考官會統計你入到幾多封正確的信件，以及上錯了幾多。

3. 技巧：

a. 坊間流行一個說法，指只有成功分到30封信件或以上，才能通過「分信」一關（兼不可分錯多過3封）。由於有關說法一直未有得到官方核實，所以考生應盡量看熟及粗略記低架上的地址分佈，並試模擬用手插信入格的動作。

b. 記住當看不明白信件上的地址，又或者無信心成功分到某封信，立即換另一封，千萬不要鑽牛角尖，花時間在某封信上。

c. 留意一些英文串法相似的地方、屋村或大廈的名稱，不少考生往往由於太過大意，結果因分錯信而遭扣分。

Chapter 03
甄選程序：個人面試

考試形式

考生一旦成功通過技能測試，就會進入甄選程序最關鍵部分：個人面試。

過程會由三位考官，以「三對一」的形式向考生輪流發問。題目類型多樣，通常包括：

1. 考生個人背景

2. 郵政基本常識

3. 職務認知

4. 工作態度

5. 處境題

面試的重點，並非預期考生能夠準確答到面試官的提問，相反最重要是看考生的反應、思考過程和如何應對難題。不過，假如考生能夠在事前做好準備，即使在真正面試時遇著艱深的題目，也可以冷靜應對。

以下我們精輯了在個人面試環節中，考生最常遇到的面試題目，並提供應對策略，供考生參考及備戰之用。

個人背景題

「請用 5 分鐘時間介紹自己。」

應對策略：

1. 妥善分配時間，建議如下：

a. 首30秒（0:00-0:30）：介紹自己的姓名、工作年資、曾任職機構及企業、最近職銜。

b. 31秒至1分鐘30秒（0:31-1:30）：說明個人優勢、技能及專長。

c. 1分31秒至3分鐘（1:31-3:00）：闡述工作成就，建議詳述過去服務的機構、職位、職責、成果與得著等。

d. 3分鐘01秒至4分鐘（3:01-4:00）：可主動提及離開上一份工作的原因，釋除面試官的疑慮，唯必須表現得大方自然。

e. 4分鐘01秒至5分鐘（4:01-5:00）：不妨談談兩年內至十年後的目標及展望，向面試官展現你積極進取、未雨綢繆的一面。

2. 其他注意事項：

a. 按時序分段介紹自己，建議以倒序方式為宜。

b. 透過故事形式簡介工作經驗更吸引，例如先描述某個工作情境，然後説明箇中得著及感受，做法比平鋪直敍更能加深面試官的印象。

c. 主動解釋辭職原因。面試官一般對求職者的離職原因特別感興趣，甚至以旁敲側擊的方式，觀察求職者是否合適人選。求職者不妨保持自然大方的態度，行使「主動權」，適時避重就輕。

d. 按照工作經驗的多寡，選取最合適的角度：

(i) 0-2年：強調學業成績之餘，亦可著墨於課外活動和義務工作，細述得著。

(ii) 3-9年：回顧過去工作上的里程碑、轉捩點或重大挑戰。

(iii) 10年或以上：宜發揮多年累積的管理知識與技巧，並分享對新公司的觀察與展望。

「請用1分鐘時間，以英文介紹自己。」

應對策略：

要在短短的1分鐘內，成功吸引面試官的注意，你要用「電梯說話法」。

「電梯說話法」（Elevator Pitch）是指一種說話技巧，必須要在很短的時間內，成功與對方打開一個話題，讓對方對你的談話內容有興趣，甚至當走出電梯後，還想要繼續延伸與你的對話。（雖然稱為「電梯說話法」，但其實不只是在電梯裡，有時候排隊倒咖啡、兩個人一起從一個房間走到另一個房間，甚至是在廁所中碰到面時，都可以大派用場。）

1. 準備步驟

列出想講的重點，重點共5個：

a. Who are you?（畢業學校？出生的地方？本身的學經歷？）

例句：I graduated from XXXXX , majored in XXXXXX, also have a background/expertise in XXXXXX.（我畢業於某所學校，主修某科系，另外還擁有某專業背景以及專長。）

b. What do you do?（以前和目前的職業、專長）

例句：I have worked at XXXXX for X years, and my responsibilities are XXXXX and XXXXX, both I routinely establish/create XXXXX for XXXXXXX.（我在某地方工作了X年，我負責的職務是XXXXXXXX及 XXXXXX，我日常工作要創造/建立某事物）。你可以說：「I routinely establish strategic business models for clients.（我常為客戶建立有策略性的商業機制），create...for...的用法跟它類似，例如「create value for customers.」（為客戶創造價值）。

c. What are you looking for?（想換這份工作的理由）

例句：After having specialized in XXXX area for X years, I have developed a passion/ interest in XXXX, and I hope I could transfer my skills to further align with my career development goals, such as XXXX.（投入XXXX領域X年後，我培養出對某事物的熱情/興趣，而我希望我可以將專業技術跟職涯規劃目標做結合，像是XXXX。）

d. What are you good at?（自己的強項）

例句：One of my strengths is XXXXX, and I believe that this is exactly what this position/company is looking for; someone who is capable of XXXXX and I have these skills to offer.（其中一個我的強項是XXXXX，我相信這就是這個職位/公司所要找尋的。我是一個具備XXX能力的人，而且我能提供這些專業技能。）

e. What can you offer?（提供可以幫助公司的地方，及具體的敘述）

例句：I have an established track-record of XXXXXX, I can help your company/department in XXXXX by setting up a system to XXXXX.（我在XXXX領域已建立起良好的口碑，我能夠透過建立一個系統做XXX，來幫助　貴公司/部門處理XXXX方面的事）

2. 時間分配

因為「電梯說話法」要在60秒內完成，所以在練習時候要安排一下每個部分花的時間。舉例來說：

a. Who are you?（5 秒）

b. What do you do?（5 秒）

c. What are you looking for?（10 秒）

d. What are you good at?（20 秒）

e. What can you offer?（20 秒）

3. 唸出來練習

在心裡默唸，跟開口唸出來的效果不一樣；逐字唸跟有表情地說出來的效果又不一樣，所以千萬不要覺得練個一、兩次就可以上戰場。

「請用英文講出自己的優點。」

應對策略：

要在短時間內，把自己想要傳達的東西有條理地鋪陳出來，非常不容易，但只要照著「S-T-A-R」這四個英文字母的順序構思講稿，就可以順利應付關於談及自己優點的面試題目。

S：Statement and Situation（陳述和情況）

T：Task（任務）

A：Action（行動）

R：Result（結果）

例子：

S（陳述和情況）：我是一個很負責並有執行力的人

T（任務）：在之前一個工作的場合，有一次我負責我們部門的行銷活動，要幫助公司達到年度總預算。

A（行動）：我提出一些新的方案並帶領大家去拜訪新的客戶，以拓廣業務。

R（結果）：因為我的領導能力與我所提出的方案，公司因此增加了許多新的客戶，我們的業績上升了X%。

在這裡，你先告訴面試官你想要表達的強項（有執行力），然後介紹一下你之前的歷練（工作的行銷活動，達到預算），這樣可以表示：我不是空說而已，相反更是確實是有這樣的經歷，也同時再次強調你有實質的工作經驗，然後把你做的行動說出來（拜訪顧客，拓展業績），最重要的就是成果，一定要舉具體的實證來當結尾。

這樣短短的4個句子，就包含前因、後果和實證來支持你的優點，而且也順便告訴對方，你之前的工作經歷。使用這種方式，聽起來比沒有整理過而隨便的回應，更有說服力許多。

另一個例子：

Statement（陳述）：I successfully completed many research projects that required high-level analytical skills.

Situation（情況）：I was assigned to a special project that required extensive literature research and analysis of organisational management theories.

Task（任務）：This special project was a challenge because I had to deal with a substantial amount of statistical data.

Action（行動）：I analyzed and presented the results using XXX program and completed the research within the specified time frame.

Result（結果）：My contribution was formally recognized in the field and I was subsequently invited to be a speaker at a major conference.

只要懂得利用「STAR」答題模式，幾乎所有關於你優點的問題，你都可以答得井井有條。

「談談你的缺點。」

應對策略：

這條題目沒有標準答案，考生要根據自己的情況應答，關鍵是回答缺點既要要結合本人實際，又要迴避本職位的特點，把缺點轉化為優點。以下是幾種供缺點的回答，供大家參考：

1. 我不太善於過多的交際，尤其是和陌生人交往有一定的難度。這雖然是缺點，但是説明交友慎重；
2. 我辦事比較死板，有時容易和人較真。這雖然是缺點，但是説明我比較遵守公司既定的工作規範，有一定的原則性；
3. 我甚麼知識或專業都想學，甚麼也沒學精。這雖然是缺點，但是説明我比較愛學習，知識面比較廣；
4. 我對社會上新興的生活方式或流行的東西接受比較慢。這雖然是缺點，但是説明自己比較傳統，不盲目跟隨潮流；

5. 我對我認為不對的人或事，容易提出不同意見，導致經常得罪人。這雖然是缺點，但是説明我比較有主見，有一定的原則性；
6. 我辦事比較急，準確性有時不夠。這雖然是缺點，但是説明我完成工作速度較快；
7. 對自己從事工作存在的困難，自己琢磨的多，向同事或上司請教的少。這雖然是缺點，但是説明自己獨立完成工作任務的能力較強。

「為何你認為自己適合做這份工作？」

應對策略：

a. 投考郵差的你，該強調：

由於郵差的工作是一項體力勞動的工作，所以假如你以往的工作性質異常辛苦，例如曾擔任過外勤或從事搬運工作，這些都可以向考官特別強調。將你克服困難的那些經過告訴給面試官聽吧！絕對能大大提升對你的第一印象。

另外，要特別提醒考生們，對於投考郵差這個職位，於面試中盡量不要提及的事情：如果你擁有太高的學歷，那可千萬別讓面試官知道。記著：「面試官不需要知道百分之百的我」，所以不要把你的一切，都統統寫進自我介紹的環節中。

b. 報考郵務員的你，該強調：

由於這個郵務員的工作，是較類近服務業性質，且需要頻繁地處理與金錢相關的範疇，所以如果你以前的工作經驗是屬於服務業，並有著服務他人的熱枕，請不要客氣，即管強調你在服務業這個領域曾面臨過何種困境，而你在當時的具體解決方法又是甚麼。

另外，大家應該都知道櫃枱的工作，就是公司對外的「窗口」，有關的員工一定要對機構的經營理念非常了解，才能把公司的經營理念、自家產品等，清楚地傳達給顧客們知道，甚至成功把自家商品推銷給顧客。所以，提醒大家在面試前最好可以去郵政署的網頁逛逛，最好連郵政署的口號都能背起來（相信面試官一定會欣賞你的投入感），畢竟這類問題就是一翻兩瞪眼，你有背就有分，沒背就是沒分。

還有，考生們不妨找個時間，親身去郵局一次（最好多次），仔細觀察櫃枱工作人員們的工作情況。千萬不要覺得這很無聊無意義，如果你能用心去觀察，一定會發現很多你平常沒注意到的許多細節，把這些細節詳細記下來，絕對能讓你在面試時大派用場。

c. 報考二級助理郵務監督的你，該強調：

如果你之前是在外面公司上班，就可以將以前曾為公司創造過可觀利潤的種種功績寫上去吧（不過，這部分請盡量寫得具體化，例如公司利潤當時成長了百分之幾等等）。

如果都沒甚麼豐功偉業可以寫的考生，先別緊張，在你之前工作上，多多少少總會遇到挫折吧！可別覺得挫折這種負面的事情不適合拿出來講，它可是個很好的自傳「素材」啊！你可以將重點著重在當初遭遇這困難時，找到了甚麼樣的「方法」去克服它、解決它，讓面試官聽完後會覺得你是個在工作上會去找方法的人，以後如果有其他困境，你是有能力去為公司找出解決辦法的人才。

「你有哪些嗜好？」

應對策略：

面試官提出這個問題，並不是想要了解求職者喜歡些甚麼，而是要了解求職者做事能否持久深入。若簡單的只從這些興趣的性質上來分類，大概可分靜態的或是動態的、是可以獨自進行，還是需要團體活動，我們可藉此來對他的個性有個初步的了解。

面試官會設法確定求職者的興趣或嗜好不是抄考自坊間的求職工具書，又或者只是隨口説説的，於是他們就會對求職者的興趣做更深入的了解。對於求職者的興趣，他投入了多少、有多深入、了解多少、多常進行，都是進一步問的問題。當然，你得預防面試主管本身也對你提及的範疇有一定程度的認識，所以最好別對面試官撒謊，又或者如果是，你得做好資料搜集。

假如你説……

1. 閱讀：如果求職者説喜歡讀書，對方可以會繼續問：最近讀了哪幾本書？有沒有哪一本值得推薦？如果你只是隨便説説，就很可能講不出書名來，或者説不出這本書在闡述些甚麼。如果你説喜歡看雜誌，這也沒有關係，可以繼續問喜歡看哪本雜誌呢？專業雜誌？還是八卦雜誌？

2. 聽音樂：如果你説喜歡聽音樂，面試官可能會問你喜歡聽哪類的音樂，該音樂的特色是甚麼？有哪些代表人物與作品？如果你説不出來，那麼聽音樂就不能算興趣，只是打發時間的活動而已，也可能只是當成背景音樂，根本沒注意在聽。

3. 做運動：如果你説喜歡做運動，可能反映你具有良好的體能與行動力（因為不喜歡運動的人，不會適合外勤的工作）。

4. 郊遊：興趣是喜歡到戶外走走，沒有甚麼特別目的，只是喜歡大自然。面試官可能會視這樣的人比較有活動力，不喜歡受約束。

一個人對待自己興趣的態度，與對工作的態度其實是相同的。一個能力好的人，大致上，在其他方面也同樣會表現良好，尤其在自己感興趣的領域，會表現得更好。

一個人如果連興趣都沒有，就表示不曾關注過甚麼事情，平時對事物不會投注心力，那麼對於工作又怎會投入？如果對自己的興趣嗜好都只能粗淺的去嘗試、表現不出甚麼成績、也說不出個所以然來，那麼對於工作就更不用說了。

「為甚麼想做這份工作？」

應對策略：

這個問題，看起來毫無殺傷力，而其實刀在棉花裡！不過，只要朝著以下3大方向作答，就算平凡到無得再平凡、現實到不能更現實的答案，一樣可以突圍而出。

1. 由「興趣」著手

就算你本來就想答「好想做」，你都要將說法昇華至「興趣」。例如求職者可從心儀行業、應徵公司及職位著手，反思「為何想投身這個行業？」。闡述對企業的興趣時，不妨借用該公司的理念、文化、產品或服務作為有力依據，趁機凸顯對應徵公司的深入認識，增強說服力。

例如，你可以說：「貴公司（可以代入成「郵政署」）一直都以獨特的市場推廣同客戶服務見稱，而我尤其欣賞你們創新求變的經營理念，就好像剛過去的節目推廣活動中，……（要準備明確的例子）」

2. 突出「經驗」及「技能」

求工謀職，最重要是有心、有力。求職者力銷自己的優點，離不開經驗值與能力值。建議從招聘廣告找出3至5項最關鍵的入職要求，並針對相關條件力陳個人優勢，繼而帶出可對公司作出的實質貢獻。

例如，你可以說：「我能夠勝任這份工作。正如履歷所寫，我具備這個職位所要求的技能，如XXX、YYY等。另外，我亦有3年於外資公司從事項目管理同推廣工作的經驗，熟悉……（要準備相關的明確例子），希望利用這些優勢，在郵政署貢獻所長。」

3. 鋪陳自己的職涯發展

面試時，建議求職者無論如何要將應徵職位的發展潛力，連繫到個人職涯策劃上，強調貢獻公司的同時，亦得以提升自己，兩者一同成長；闡述時，決心和抱負更是「肉緊」位，務求將進取一面呈現在面試官眼前。

例如，你可以説：「我自小已對XXX很感興趣，畢業後一直從事XXX工作；近幾年都好積極製作自己的履歷，能夠加入 貴公司，成為XXX對我來説別具重大意義，因為……」

郵政認知及職務了解題

「你知道郵政署署長／宣傳口號／郵費是誰／甚麼／幾多嗎？」

應對策略：

關於郵政署署長/宣傳口號/郵費的資料，可以在本書找到答案，你亦可以到郵政署網址瀏覽（http://www.hongkongpost.hk）做資料搜集。

「你知道甚麼物品是不可郵寄嗎？」

應對策略：

以下為部份不獲郵政署接納郵寄的物品：

1. 槍械、彈藥
2. 危險藥物（若可出示出口證，作醫療或科學用途的麻醉藥物及精神藥物則可）
3. 未經穩妥包裝的郵件（有機會危及郵政職員或弄污其他郵件）

4. 容易腐爛而不帶傳染性的物品

5. 賭博/算命廣告

6. 任何與非法博彩有關的彩票和文件或其他東西

7. 放債人自行投寄的傳單

8. 香水產品

9. 鋰電池

10. 傳染性物質

11. 易燃菲林

12. 油漆、光油、瓷漆以及同類物質

13. 輻射性材料

14. 不雅或色情的信息、印刷品、照片、書籍或其他物品

15. 活生物

如想知道更多關於「禁寄物品」的資料，可瀏覽《郵政指南》第6.3章：http://www.hongkongpost.hk/filemanager/common/poguide/tc/6.3.pdf

「郵務員工作主要做後勤，但你的性格似乎比較好動……」

應對策略：

誰說性格好動就不能勝任後勤工作？踢波亦分後衛、中場、前鋒和龍門員，團隊精神相當重要。求職者不妨藉此發揮，從而帶出自己對職位及相關職責的認知，最緊要是表現出決心。

「你覺得郵局近幾年來的挑戰是甚麼？」

應對策略：

1. 香港郵政營運基金錄得多年虧損

(i) 由1995年8月起，郵政署轉以營運基金形式運作。過去20年多間，郵政署多年錄得虧損。2014-15年度才首度錄得盈餘1.6億元，郵政基金更將2017-18年度的回標回報率由5.9%降至2.6%，惟仍未能達標，虧損高達1.6億元。

(ii) 2014-15年度超過8成郵局錄得虧損，由$35萬至$520萬不等，令部份郵局需要關閉，例如2017年10月，位於皇后大道中的「皇后大道郵政局」便被迫結業。

2. 固定資產目標及實際回報率不達標

（i）過去有超過10年不合格

3. 嚴重超時工作補水

（i）2014-15年度郵政人員超時工作逾136萬小時，郵政署須付$1.79億補水（涉逾111萬小時超時工作）

（ii）4,244名公務員獲發超時補水，佔其薪酬15.4%，14%人員補水佔薪酬30%。

（iii）111名公務員超時工作後放長病假，當中有2人涉濫用病假（註：2017年署方擬全面取消超時補水）

4. 懶理郵資不足

（i）2015年，審計署寄出50封無貼郵票及少付郵費信件，86%成功寄出，郵署並無向收信人收附加費。

（ii）2018年，平均每日有2,200封郵資不足的郵件，估計涉及的郵資款項數以10萬計。（註：署方已進行補救措施，包括修例，同時調整附加費以收回處理成本。）

5. 三間流動郵局「拍烏蠅」

（i）每日平均得11.5名顧客光顧及處理12.5件郵政事項

（ii）每間年蝕逾$100萬

（註：郵政署作出補救，包括取消13個使用量低的服務點）

6. 郵政車隊管理不擅

（i）16份租車合約，有15份批予三個承辦商。

（ii）少數投標者惹廉署關注競爭太少

7. 大樓辦公室浪費地方

（i）九龍灣中央郵件中心投入服務一年，有樓層出現近半開放式辦公室空置，涉46個工作間

（ii）中環郵政總局大樓由政府1985年起著手重置，2018年10月始獲立法會財務小組通過撥款16億進行重置。

「請指出郵政署的甚麼主要業務。」

應對策略：

1. 郵政服務：

a. 一般派遞

b. 本地郵政速遞

c. 特快專遞

d. 香港郵政通函郵寄服務（只適用於部分郵政局）

e. 直銷函件

f. 郵政信箱租賃（只設立於部分郵政局）

2. 物流服務：

a. 商品存倉

b. 存貨管理

c. 收款

d. 派遞

3. 櫃位服務：

a. 「郵繳通」（繳交政府部門及公共事業費用服務）

b. 報關服務

c. 郵政匯款服務

d. 郵趣廊精品

4. 集郵服務（只適用於部分郵政局）

a. 郵品訂購服務

b. 海外郵品訂購服務

5. 電子業務

a. 電子證書

b. 郵電通

c. 樂滿郵網上購物

工作態度題

「如果你遇到了挫折你將怎麼辦？」

應對策略：

1. 你要指出，對挫折要有一個正確的認識。事業有成一帆風順時許多人的美好想法，其實很難做到一帆風順，要接受這樣一個現實，人的一生不可能是一帆風順的，成功的背後會有許許多多的艱辛，痛苦甚至挫折，在人生的一段時期遇到一些挫折是很正常的。只有經驗知識和經歷的積累才能塑造出一個成功者。許多偉大的成功者，都經受過挫折的磨難（舉例說明）；

2. 要敢於面對，哪裡跌倒要從哪裡爬起來，不要懼怕困難，要敢於向困難挑戰；

3. 要認真分析失敗的原因，尋根究源，俗話說：失敗乃成功之母，在挫折中掌握教訓，為下一次奮起提供經驗。還有在平時的工作生活中要加強學習，人的一生是有限的，不可能經歷所有的事，要在別人的經驗吸取教訓。最後可能由於當局者迷或者知識經歷的不足，自己對於挫折並沒有特別好的處理方法，這是可以求教自己的親人朋友，群策群力渡過難關。

「請描述一次最困難的工作情況。」

應對策略：

求職者務必把握機會，透過醒目回應，反映專業知識、能力及個人價值觀，以及如何與公司理念及價值觀一脈相承：

1. 先陳述有關工作狀況、處境、項目大綱及目標。

2. 交代當時工作中的角色、職責、死線（deadline）及困難狀況。

3. 細緻地羅列相關處理過程，重點應放在決策過程、處事方式、步驟，以及當中牽涉的人事瓜葛。你不妨以故事形式描述或交代，加深面試官的印象及投入感。另外，回應須確切，避免用「我會」、「我可能」、「或者」等含糊不清的字眼，重點是強調「我已經做了/做過」甚麼。

4. 交代事情最後發展、成果及個人成就。求職者應將焦點集中在得著，以及如何將取得的經驗應用到日後工作可能遇到的情況或處境，以便順利解難。

「如遇到顧客投訴，怎麼辦？」

應對策略：

指出顧客投訴2大因由：

1. 結構因素：顧客提出要求，員工因公司資源或條例問題而不能滿足顧客，例如顧客在西餐廳點雲吞麵，或要求額外折扣等。
2. 個人因素：顧客不滿員工的辦事方式或態度，覺得他們散漫不夠主動積極等。

然後，搬出「處理投訴靠3解」：

1. 了解：積極聆聽 總結不滿

解說：在聆聽顧客的投訴時，要給予回饋，言語上表示認同，最後要總結對方的不滿，以示自己剛才有用心聆聽對方的投訴。

2. 紓解：認同致歉 舒緩情緒

解說：對顧客致歉，這是一種有助平伏情緒的表現，可舒緩對方的怒氣。

3. 拆解

a. 即時行動，努力解決部分問題

解說：協助顧客解決部分問題，如盡可能加快等待檔期、替換產品、給予保補償產品等，這些都可以給予對方一些安撫作用。

b. 扮小職員，演一場團隊大龍鳳

解說：讓顧客見到自己為對方奔波做事，如打電話去問另一間分店取貨等，令顧客感到你願意為他們爭取一些東西回來，這樣可讓他們心存感激。另外可扮小職員，表明自己屬於前線員工「話唔到事」，經理又不在公司，因而難以給予更高的折扣。

「如你跟上司持不同意見，會如何處理？」

應對策略：

不少求職者會表示妥協，例如「會同老闆溝通，如對方堅持，都會依老闆指示去做。」面試官可能追問：「如果老闆堅持的，是違背你做人原則，你都會做？」

求職者須知道，這樣的困局時有發生，面試官想考驗的是求職者的遠見和決心。建議求職者藉此重申個人原則的同時，發揮圓滑的處事技巧及社交手腕，例如向其他同事收集意見等。

「講講你對加班的看法。」

應對策略：

實際上好多公司問這個問題，並不證明一定要加班，只是想測試你是否願意為公司奉獻。

你可以這樣答面試官：「如果是工作需要我會義不容辭加班，因為我現在單身，沒有任何家庭負擔，可以全身心的投入工作。但同時，我也會提高工作效率，減少不必要的加班。」

「你習慣獨力完成工作，還是團隊分工？」

應對策略：

如果你答：「我喜歡團隊合作。雖然太多人參與計劃有時會降低工作效率，但我相信三個臭皮匠勝過一個諸葛亮，集眾人之智慧往往能夠成就一個比較好的結果。我發覺自己在團隊中總是扮演檢視細節、彌補疏漏，並負責收尾的角色。」

在眾多求職者當中，你一定是個搶手貨！在回答這個問題前，你應該先考慮這份工作的形態為何？如果這是一個必須一人獨自完成、不太需要與他人協調配合的工作，你便應該要避免在僱主面前表達不喜歡獨力完成工作的想法；相反地如果你面試的是一份需要與人密切溝通配合的管理咨詢工作，你便不該表達自己不喜歡群體工作的想法。

而如果你答：「我不排斥團隊合作，不過我發覺自己在獨力工作時，會有比較好的工作效率。」在回答這個問題前，你應該先考慮這份工作的形態為何？如果你非得這樣回答，建議你參考以下的方式：「就性格而言，我比較傾向於獨立工作及獨立思考；不過我也相信團隊合作有時會比獨立做事更容易創造好的工作成果。」

處境題

「郵差要長時間在戶外工作，你認為最主要會遇到甚麼問題？」

應對策略：

1. 此題雖然屬於自由發揮題，考生有較大的發揮空間，但留意考官提問的關鍵字是「戶外」和「最主要」，假如考生未能首先指出「中暑」一點，會令面試官覺得考生未能恰如其分地了解郵差的工作範疇。更甚的是，有機會令考官覺得考生的聆聽及理解能力欠佳，大大扣減對你的印象分。

2. 考生在回答「中暑」後，需再作延伸。強調：

a. 郵政署對前線員工（即郵差）有支援措施，協助派遞工作，如設置「補給郵袋櫃」，（如你能夠指出你居住的區域有幾多個補給郵袋櫃的話，將有助增加面試官對你的印象），加上有手拉車等資源，令郵差不用每趟都要揹著大袋沉重郵件步行，所以要派遞的郵件應不會太重。

b. 署方亦有酷熱天氣下工作指引，例如派水樽及太陽帽，有中暑症狀要停止活動。

3. 加分位：

a. 雖然在政府工作講求紀律性，內部很多程序亦有明文指引，未必太過容許員工有太強烈的「個人想法」。不過，如果想在面試中突圍而出，你需要有自己的個人見解。

例如回答「中暑」一事，由於郵差在戶外派信時，中暑情況的確不時都會出現，所以你應嘗試就部分事件作分析，例如曾有一名在將軍澳工作的女郵差在執行職務期間不支倒地。你可以指出由於該位女士一直做內部揀信工作，做「跑街」郵差的經驗相對尚淺，懷疑因她的戶外工作經驗不足（如喝水不足）致發生事故。

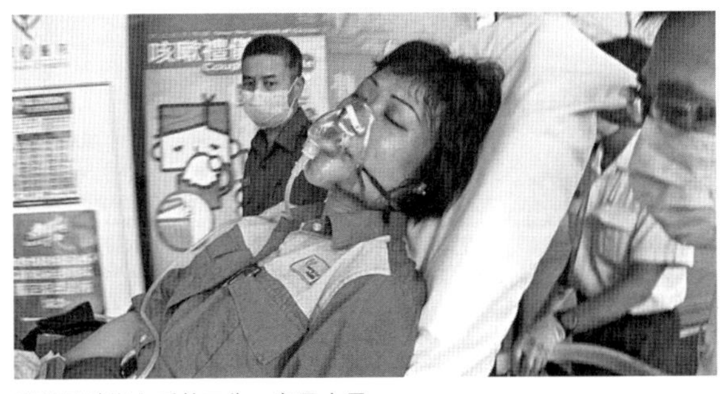

郵差長時期在戶外工作，容易中暑。

「你怕狗嗎？派信時如果遇到惡狗，該怎辦？」

應對策略：

1. 考生可提到郵政署一直非常關注前線員工（即郵差）的職業安全，而方法亦會隨著時代變遷作出改善。

2. 列舉一些例子支持自己的論點，例如考生可指出郵政署以往曾為郵差準備「狗槍」（噴霧劑），這是有效的趕狗法寶。但隨著動物權益日漸受到社會和署方重視，現時的郵差都改用「狗餅」分散狗隻的注意力。郵政署亦給在郊區派信的郵差安排專業防狗訓練（詳見資料室），在在都能有效地阻止猛犬的攻擊。

3. 順帶一提，假如你確實對狗隻十分恐懼，那你應認真考慮是否申請做郵差，以免有心理陰影。

4. 加分位：如考生能夠向面試官表現出自己十分清楚狗隻習性的話，那肯定會讓對方對你有更佳的印象。以下是綜合了多名在郊區派信多年的資深郵差，及美國一位已故的動物行為學專家所提到的一些遇惡犬的應變方法，希望可以幫助各位準郵差作自我保護：

a. 首先，最重要是保持冷靜，如果你表現出退縮，想逃或尖叫，只會激起狗隻的攻擊。

b. 儘量不要與狗有眼神接觸，以避免被狗視為挑釁，同時在走路時儘量放輕，免得刺激到狗隻。

c. 當狗朝著你狂奔時，假如你加速逃跑，會引發牠的追逐反射行為，一路追在目標身後，伺機施襲。這時你應該做的，是停下來轉身面對牠，雙手放在胸前交叉抱著，以免牠咬你雙手。

d. 其實狗隻未必是要張口大咬，只是想威脅陌生人離開。你只要站著不動，牠通常會一邊叫一邊往後退開。如果你緩步往牠面前去，狗隻反而會後退得更快。當人狗之間拉開一定的距離後，就能轉身安全上路了。

e. 如果你真的太害怕而無法面向狗隻，而牠開始試著撲向身上的話，你必須保持冷靜，然後把背部轉向牠，讓狗碰不到你的面部。

f. 如果你不幸被狗隻撲倒在地，就把身體捲起來，膝蓋彎曲，雙手抱在頸部後方，然後盡量保持不要動，等待狗隻停止攻擊。

郵差最怕被狗追

郵差送信最怕被狗追，所以如何面對狗隻的處理方法，頓成面試官最愛提出的問題。的確，郵差經常成為狗隻攻擊的目標，其中很重要的一個原因，是狗將郵差視為敵人，認為郵差侵入了牠的領土。看看以下的由世界多個國家及地方收集到的統計數字，以及相關報道，就大約可以想像到情況的嚴重性：

1. 各地郵差情況

香港：

2007年，一名孫姓郵差於八鄉踏單車派信期間途經一家門，被惡犬突襲咬傷左腳，須送院留醫18日。郵差此後雖能如常工作，但變得很怕狗，腳上疤痕亦令他不敢游泳，更稱傷勢影響他的性生活。法庭後來裁定狗主須向受傷郵差賠償20萬元及訟費。

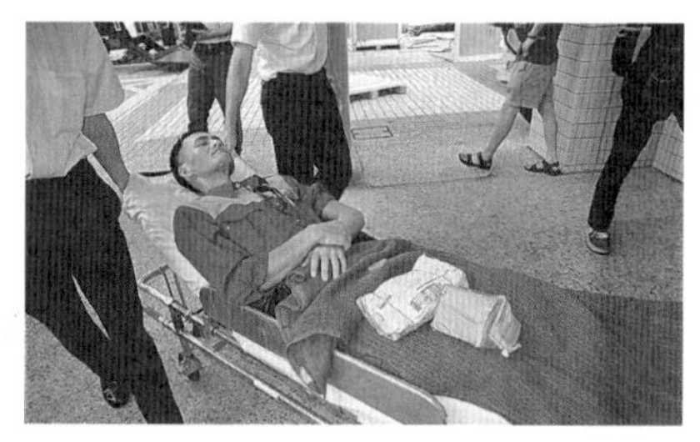

原告孫有興被唐狗咬傷後送院治療。

另外，郵政署於2011年曾為部分郵差提供「防狗咬訓練」。（詳見後面「郵差防狗自衛術」）

台灣：

根據中華郵政於2014年進行的內部統計，全台8,000多位郵差中，在過去三年，主動通報被狗攻擊受傷的案例就超過2,500人次，高達31%的比例，被狗追逐案例超過3,000宗，隱忍未通報的更是不計其數。

在台灣，郵差被狗追咬的情況十分普遍

台北郵局表示，每個月會編列約3,000元台幣預算購買大廠牌的寵物零食，確保品質，遇到兇悍的家犬時，餵食前會徵詢飼主同意，若是流浪狗就會直接餵食。目前10條路線中已有許多原本兇狗狗屈服在美味的零食之下，甚至看到郵差還會搖尾巴。

資料室

德國：

當地的郵局已經給幾萬名郵差上過狗心理課。上課時，動物心理學家分析狗的心理跟行動規律，告訴郵差，狗的哪些動作是危險信號，表示牠們準備發動攻擊。

英國：

據《每日電訊》報道，英國郵政公司公佈調查數據，2014年共有4,810名郵差遭遇狗襲擊，平均每週就有92人「中招」，比2013年增加了20%。

美國：

美國郵政總局規定郵差送信時若看見無人看管的狗在路邊遊走，可立刻駕車離開，結束該區的送信工作。

泰國：

有調查指出，在超過10,000名的郵差中，約有18%的郵差在送信時，曾經被狗追咬。

2. 郵差防狗自衛術

早於2011年，郵政署已為部分郵差提供「防狗咬訓練」。課堂中，一頭德國狼狗Felix對著眾郵差學員狂吠，繼而發動攻擊，學員要克服恐懼，在惡狗撲來時，學習如何用隨身物件給狗咬著，從而保護自己。

有20年犬隻訓練經驗的導師沈偉志解釋，很多人以為狗最討厭郵差，其實是狗對制服人員較敏感，而郵差常被視為入侵者，「由於郵差穿著制服，每次只逗留一段短時間，沒機會跟狗建立關係。如果其中一個郵差曾經打罵過那隻狗，牠便會對其他穿著同一制服的人，懷有惡意。加上如果之前有郵差打罵過那隻狗，佢就會對其他著同樣制服嘅人懷有惡意。」沈建議郵差嘗試與狗保持良好關係。

沈偉志教郵差準備棒、公事包或雨傘等，讓作攻擊的狗咬著作分隔。沈強調狗隻很少主動攻擊人，而咬人多是因為人無意中觸怒牠們。他說，一旦感覺狗隻有攻擊意圖時，要保持冷靜，面向牠們，保持站立，然後慢慢離開，切忌驚叫及逃跑。

課堂中，Felix對著一眾郵差學員狂吠，繼而發動攻擊，學員要克服恐懼，在惡狗撲來時，學習如何用隨身物件給狗咬著，從而保護自己。

「假如派信時，見到信內有白色粉末漏滲出，應如何處理？」

應對策略：

你可以表示自己已事先閱讀保安局有關「處理懷疑帶有炭疽菌的郵件」的指引。以下是指引內容：

1.0 處理這類事故時，請留意以下指引。

2.0 切勿驚惶失措

2.1 炭疽菌可引致皮膚、胃腸系統或肺部受到感染。處理成氣霧狀的炭疽菌經皮膚傷口進入人體，或被吞入或吸入人體後，才可令人受到感染。如皮膚有未癒合的傷口，宜貼上膠布遮蓋。接觸到炭疽菌孢子後，若能及早就醫，服用適當的抗生素，可以預防染上炭疽病。炭疽病不會經人體傳播。

2.2 炭疽菌必須經過霧化處理成為極微細的粒子，才可成為傳播疾病的媒介。霧化的過程絕不簡單，既要有先進的技術，還要使用特別的設備。若吸入這些微粒，迅速診斷治理可以有效控制病情。

2.3 要辨別可能帶有炭疽菌的郵件，並不容易。因此，郵務人員必須按常理作出判斷，或向上司請示。

3.0　寫上恐嚇字句（如「內有炭疽菌Anthrax」），而未經打開的可疑信件或郵包。

3.1 切勿搖晃或倒出可疑信封或郵包內的物品。

3.2 將信封或郵包放進膠袋或其他容器，以防內載物品漏出。

3.3 如沒有容器可供使用，可用衣服、紙張、廢紙箱等物件覆蓋信封或郵包，切勿把覆蓋物移開。

3.4 離開房間，關上房門，或封鎖有關範圍，以防有人進入。

3.5 用肥皂和熱水洗手，以防粉末沾上面部。

3.6 立即向上司報告，由上司報警。

3.7 關掉現場的所有風扇及空調。

3.8 上司須列出發現此可疑信件或郵包時所有在場人士的名單，然後將名單交予警方跟進調查，並聽候警方的指示。

4.0 內載粉末的信封和灑落的粉末

4.1 切勿試圖清理粉末。小心切勿讓粉末散播到空氣中。如情況許可，以濕毛巾覆蓋灑落的粉末。

4.2 關掉現場的所有風扇及空調。

4.3　然後離開房間，關上房門，或封鎖有關範圍，以防有人進入。

4.4 立即向上司報告，由上司報警。

4.5 上司須列出發現此可疑信件或郵包時所有在場（在房間內或在15呎範圍內）人士的名單，然後將名單交予警方跟進調查，並聽候警方的指示。上述人士應在安全（最好是在設有沖洗設施）的地方集合，等候警方到場處理，切勿在樓宇內到處走動，以免污染其他地方。

4.6 用肥皂和熱水洗手，以防粉末沾上面部。

4.7 如懷疑有粉末沾在衣物上，應脫下全身衣物放進膠袋，然後盡快用肥皂和熱水沖身。切勿讓漂劑或其他消毒劑接觸皮膚。

4.8 警方到場後會評估情況。若相信這些粉末可能是生物劑（例如炭疽菌），便會按需要安排消毒程序和跟進治療。警方到場之前，不要飲食。避免觸摸面部。切勿驚惶失措。萬一這些粉末真的是炭疽菌（這個可能性極低），若能在接觸後數小時內接受治療，療效會非常高。

資料室

粉末

派信，看似郵差最簡單的工作，但其實看似最普通不過的一封信，隨時都可能是計時炸彈。

28 封粉末恐嚇信寄國企
中環郵政總局揭發 惹生化襲擊驚魂

中環郵政總局在2007年3月24日發現28封內附有神秘粉末的信件，分別是寄給一間大型國企集團旗下多間分公司，郵政署擔心受到生化襲擊，即中止運作報警。警方、爆炸品處理組、政府化驗師及消防處核生化事故櫃，紛紛趕赴戒備及調查，證實信內的粉末並沒有核生化成份，但卻同時發現信封內夾有恐嚇信件，內容針對該集團一名高級職員，向他追討欠債，並警告可能會有進一步行動；另一方面，歹徒亦將同一款信件寄給一間報社，警方已將案列作刑事恐嚇事件處理。

消防員把核生化事故櫃載到中環郵政總局，協助查驗可疑粉末。

3月23日早上10時許，中環康樂廣場2號的郵政總局四樓郵件派遞組，其中負責分發寄往中環區信件的職員，先後發現有28封信件的信口罅縫間有少許白色粉末滲出，大為緊張，於是立即知會上級，並根據指引即時中止郵政總局的運作及報警，現場氣氛十分緊張。

警方及消防員接報到場調查，認為事態嚴重，警方即召爆炸品處理組人員及政府化驗師到場，消防處亦載來一部核生化事故櫃，一隊消防員穿上生化衣檢查該批可疑信件，有關人員用儀器在場測試信件內粉末的危險性，證實並沒有核生化成份，亦無爆炸性，對人體無害，於是交回警方進一步調查，郵政署其後回復運作，無人受傷亦毋須疏散。郵政署總經理（管理事務）區惠賢在場表示，該批信件都是寄往中環不同商業大廈多間

消防員帶同防化袍進入郵政總局檢查粉末信件。

發現粉末信件的郵政總局郵件派遞組。

中環郵政總局發現粉末信件，警方及消防員到場戒備及調查。

不同公司。

不過，消息稱，該28封粉末信件都是同一大小和同一款式，收信公司都是同屬一間大型國企集團，該集團資產總值達5,000多億元，而收信人則分別是集團分公司的負責人，內容指其集團一名高級職員欠下巨債不還，並謂會有進一步行動。警方相信歹徒目的是希望集團管理層向該名欠債職員施加壓力。

據悉，其中一封被郵局職員截獲的粉末信，是寄給一位立法會議員。記者向涉事議員求證時，他表示是從另一位記者口中得知這件事，他說：「我都冇做過虧心事。」

另一方面，歹徒亦將同一款恐嚇信寄給一間報社，該報社在收到恐嚇信後報警。警方事後已將兩案合併調查，並查驗信件有沒有指模或其他線索留下。

粉末信件恐嚇事件去年亦曾發生過兩次，一次是五間傳媒機構接到粉末信，內容是對一名馬評人表示不滿；另一次是20多間銀行、電台和商業機構收到粉末信和刀片信，內容聲稱會對豐銀行亞太區主席鄭海泉不利。

香港郵局現「炸彈」包裹 軍火專家打開卻見糖果

2002年8月27日電　昨天上午，香港一家郵局的員工突然發現一個郵包上寫著「炸彈」的字樣。警方接到報案後立即疏散郵局職員，但是事後證明這個「炸彈」包裹只是一個惡作劇。

事件發生在香港屯門新市鎮的屯門中央郵政局。昨天上午10點左右，處理包裹的職員發現，一個外地寄來的郵包上用中英文寫著「炸彈」的字樣。職員立即報警，警方趕到後，一方面疏散現場的郵局職員和市民，一方面火速傳召爆炸品處理組專家到場。

軍火專家忙活了半天，打開這個包裹，卻只見糖果不見『炸彈』。但是，郵局的運作受到影響，到上午11點半纔恢復正常。

據悉，香港警方將進一步調查這起惡作劇，追查「炸彈」郵包的來源，並會向郵包的收件人了解情況。

該如何避免收到可疑炸彈郵包？美國聯邦調查局教大家15種辨識方法，簡單的説只要郵件超資，或有不正確頭銜，沒有回信地址、或者是郵包有突出的電線或錫箔紙，都該注意，而收到可疑爆裂物的處理原則，就是「不要碰或動它」。

「如果在派信時遇襲被搶去郵袋，你會如何處理？」

應對策略：

當郵件被搶時，因其屬政府財物，郵差有責任取回，但不會試圖在不安全情況下強行取回被搶信件，總之有危險時「避得就避，走得就走」，不應與對方糾纏，且該即刻報警求助，讓警方處理及協助取回郵件。

Chapter **04**
面試決勝關鍵

衣著

面試時所穿的服裝顏色，關係到面試官對你的第一印象。究竟不同的顏色會向面試官傳達甚麼訊息？又，有哪些顏色的衣服適合在面試時穿著？哪些要避免？

1. 適合面試時穿著的衣服顏色

a. 藍色：誠懇自信

據統計，在所有的顏色中，藍色是最能給人安全、舒適的感覺。面試時穿上藍色系服裝，能讓人留下正直、有自信的良好印象。

b. 灰色：善於分析

如果想讓面試官覺得你沉穩、擅分析，並具備專業的能力，建議你選擇灰色系服裝。

c. 黑色：高貴的領袖氣質

穿上黑色服裝時，自然會流露高貴和成熟感，也能大大提升專業感與領導架式。假如應徵的是涉及管理的職務（如投考二級助理郵務監督），黑色服裝無疑是最好的選擇。

d. 黃色：善於溝通有創意

黃色給人活潑、明亮、快樂的感覺，同時也能讓人留下善於溝通的印象，無形中或許還能提升面試時的流暢度！

e. 白色：細心、有條理

白色讓人有細心、乾淨、組織力強的印象，假如應徵的工作是需要良好的邏輯與的態度，可以適度加入白色單品。

2. 不適合面試時穿著的衣服顏色

a. 紅色：侵略感強

紅色是非常搶眼的顏色，給人熱情而有活力感覺，但這個顏色並不適合面試穿著，因為紅色的視覺印象太過刺激，除了熱情之外，也可能讓人聯想到叛逆或侵略感強，給人壓迫感大，甚至會使面試官產生權威被挑戰的威脅感，對你的印象可能在無形中打了折扣。

b. 橙色：不夠穩定

和紅色類似，橙色也是情感表達十分強烈的顏色，雖然帶來開朗、親切的感覺，但過於鮮亮的色彩卻讓人產生不夠穩定的印象。

c. 深啡色：過於保守

棕色系服飾向來給人溫和無害的印象，不過若全身都穿上深咖啡色，可能會讓人感到過於老成或保守。

3. 選擇面試服裝時還哪些注意重點

a. 不要穿新衣服

許多人往往會為了面試特地購買新衣，然而，面試時穿新衣，可能必須承擔不習慣新衣服質料或剪裁的風險，進而影響面試心情而使表現不如預期。參加面試最好穿自己習慣的衣服，只要整燙得乾淨整潔即可。若特別為面試購買新衣，建議在面試前要試穿半天以上，並下水清洗。

b. 只帶一個手提包

面試時，最重要的是給人整齊俐落的印象，建議將所有資料收在一個包包裡就好，不要另外再提袋子，才不會使整體造型顯得凌亂。另外，帶的手提包中要有足夠的多夾層設計，能將所有資料有系統的歸類，也要方便拿取，當面試官要求看作品時，能快速取出，不會顯得手忙腳亂。

c. 建議配戴手錶

雖然現在許多人習慣直接利用手機看時間，不過還是建議在面試時佩戴手錶。戴上手錶後，比較能凸顯個人的時間觀念，也更便於控制時間。另外，戴一隻好的手錶，還能襯托服裝氣質，彰顯個人品味，為整體形象加分。

d. 保持指甲與鞋履整潔

面試前除了打點好服裝之外，也別忘了細節！尤其是指甲與鞋子的整潔度特別重要，也是許多面試官會暗中觀察求職者的地方：指甲過長、有髒污或鞋面出現裂紋甚至「開口笑」，都會令人對你的印象大打折扣！面試之前千萬別忘了剪指甲，擦亮皮鞋！

4. 面試前的Checklist

想要讓人留下深刻的第一印象，就要穿得美麗得體，使人眼睛一亮，更想認識你！出門前，先站在全身鏡前，逐項確認下列項目，檢視自己的穿著是否得當：

☐a. 穿上這套服裝後，活動方便嗎？實際測試坐下再站起，檢視肩膀、手肘、腰圍、臀圍等細節的合身度。

☐b. 身上的服裝是否乾淨平整？檢查是否有任何脫線、勾線、髒污的地方。

□c. 走路時，鞋子會不會發出奇怪的聲音？

□d. 實際坐下檢查褲長與襪長是否太短？若會露出腿毛就不恰當。

□e. 襯衫裡記得要加穿內衣，並檢查內衣是否有穿正。

□f. 髮型是否整齊？劉海是否容易垂落遮住眼睛？是否有頭皮屑？

□g. 西裝外套與褲袋中不要放東西，鼓起的口袋無法建立專業感。

□h. 必要文件是否準備齊全？公事包或包包有無污損或漲起？裡面的東西擺放是否整齊易取？

□i. 身上是否有異味？面試時絕對避免要口氣不佳、狐臭、煙味、酒味，也不要噴太濃的香水。

□j. 臉部夠不夠乾淨清爽？尤其是安排在下午的面試，要注意臉上是否已有泛油現象。

握手

曾經有位財星五百大企業執行長，在抉擇兩位資格相近的應徵者時，最後錄取了握手握得比較好的哪一位。

短短幾秒鐘的握手動作，究竟藏了甚麼大學問？卡本尼在《魅力學：無往不利的自我經營術》一書中，就列舉了幾種最惹人厭的握手方法：

1.「死魚式」握手：

只見一隻軟弱無力的手伸出來，連搖動一下的企圖都沒有。卡本尼認為，這類型的握手，往往在交談還沒正式開始前，就毀了自己的求職機會。

2. 過度搖晃

正確握手搖晃幅度上下勿超過10cm，若幅度過大會讓主考官感覺到不舒服，也表現出面試者的緊張與不安全感。

3. 指節壓碎式握手：

這種握法可能是為了展現氣概，也可能是因為握手的人本身手力就很強，但都比不上誤以為握手力道愈強、對方就會愈看重自己，彷彿那是自己唯一的救命稻草。

4. 主導型握手：

這時伸出的手是手心朝下，或許意味著「我想要在稍後的互動中佔上風。」這種握手方式還有另一種版本，就是「扭轉主導型的握手法」——原本直直伸出來的手，等到握住的那一刻立即轉向，以為可以取得上風。

5. 雙手包覆：

握手時用兩隻手包覆對方時，容易讓人覺得做作。

那麼，理想的握手方式究竟是甚麼呢？卡本尼也整理出10個標準步驟，讓你一見面就能給對方一個完美的握手做開場！

1. 正確握手男女有別

握手方式無分面試者與主考官身分，而是以性別區分。女性正確握手法是握指尖，而男性則是握手掌，如：當一位女性主考官與一位男性面試者時，男性應主動將手伸出，而女性則只握到指尖位置。

2. 確保右手淨空

握手在多數文化中，向來以右手為主，這是因為在古代社會，右手是用來拿武器的，伸出未持武器的右手向人致意，代表暫時不會有危險。

3. 別用右手拿飲料

尤其是冷的飲料，不然可能會讓對方覺得你的手冷冰冰，又濕濕黏黏的。

4. 一定要站起來

不管你是男是女，站起來握手都是基本禮儀。

5. 挺直你的頭

不要歪向任何一邊，讓臉完全朝著對方。

6. 手掌保持垂直

避免讓掌心向下（代表主導）或向上（意味著順從）。如果你不確定怎麼做，記得把大拇指直直朝向天花板就對了。

7. 確保虎口緊貼

拉開大拇指與食指中間的距離，以確保你的虎口跟對方的虎口能完全貼緊。

8. 掌心保持平坦

別讓掌心呈現杯狀，好讓你和對方掌心貼近。同時，你的手要跟對方的手成斜對角握著。

9. 想像用手擁抱

試著用手指頭包住對方的手，一隻隻放上去，就像是你用手在擁抱對方一樣。讓你的手指幾乎方在對方脈搏上——這裡說的是「幾乎」，但並不完全是。

10. 穩穩握住

當你的手跟對方的手完全貼合後，把大拇指往下扣住，穩穩地使力，力道跟對方差不多即可。接下來，以手肘（不是手腕）為軸心搖晃你的手，然後向後退一步，優雅地結束這個開場。

坐姿

幾輪面試下來，職場面試者發現與面試官交談，特別是與多位面試官交談時，會有莫名的緊張感。於是坐立不安，手腳不聽使喚，無法專心回答面試官的問話，導致整場面試糟糕透了。這些舉動肯定都被面試官看在眼裡，結果？答案可想而知。

下面和各位共同討論關於面試的坐姿禮儀：

1. 入座姿勢：

坐姿包括「坐姿」和「坐定的姿勢」。如果面試官讓你坐下，你不用故意客套地說：「您先坐。」相反，只要神態保持大方得體即可。入座時要輕而緩，不要發出任何嘈雜的聲音。

面試過程中，身體不要隨意扭動，雙手不應有多餘的動作，雙腿更不可反覆抖動——這些都是缺乏修養和傲慢的表現。有些人因為緊張，會無意識地用手摸頭髮、耳朵，甚至捂嘴說話，雖然你是無心的，但面試官可能會因此而認為你沒有用心交談，還會懷疑你說話的真實性。

2. 坐1/2表誠懇

在坐椅子時，不要靠椅背，會呈現出慵懶隨性，應坐椅墊1/2處，且腰桿挺直收小腹，表現出有精神的活力。

3. 雙腿交叉沒自信

通常雙腿交叉會呈現出隨便或輕鬆的態度，甚至，有時雙腿交叉有急欲離席的含意，或者有種不耐煩感，應盡量避免。

站姿

如果面試時的站姿能保持腰板挺直，絕對會給人留下一種精神飽滿、胸有成竹的好印象。正確的站姿，概括如下：

1. 腳呈V字才從容

站立時身體直立，抬頭挺胸收小腹，下巴微收眼睛直視前方，女性面試者兩腳成V字型，雙膝及腳跟靠近，腳尖距離約1個拳頭寬，男性則兩腳分開與肩同寬。

2. 三七步不專業

在面試的過程中，會不自覺出現一腳前一腳後的三七步站姿，而這樣站姿會讓人覺得隨便，無專業或上進感，導致主考官不敢錄用。

3. 手放大腿兩側不失禮

面試者在站姿時，手的放法有三種：第一，將手放在兩腿兩側，呈立正式；第二，將兩手相疊放在前面的握手式；第三，兩手交疊放在後面的背手式，都可表現出個人自信與從容且不失禮。

4. 手交叉為防衛

面試者在面試時，雙手交叉在胸前，表示面試者對環境或主考官的防衛與不安全感，會讓人覺得很難靠近，且有點居高臨下的感覺。

笑容、目光及眼神

每個人都有面部表情，臉上的每個細胞、每個皺紋、每個神經都表達某種意願、某種感情、某種傾向。面部表情是最準確的、最微妙的人的「晴雨表」。面試中面部表情表現得體，可以為面試錦上添花，反之則會弄巧成拙。

1. 笑容

要善於微笑。當然，微笑必須真誠、自然。只有真誠、自然的微笑，才能使對方感到友善、親切和融洽。

其次，微笑要適度、得體。適度就是要笑得有分寸、不出聲，含而不露，不能哈哈大笑，捧腹大笑；得體就是要恰到好處，當笑則笑，不當笑則不笑。否則，會適得其反，給對方留下壞印象。

2. 目光

同笑容一樣，目光眼神也是最富感染力的表情語言。眼睛是心靈的窗戶，在人們的相互交往中，眼睛與有聲語言相協調，可以表達萬千變化的思想感情。眼睛凝視時間的長短、眼瞼睜開的大小、瞳孔放大的程度以及眼睛的其他一些變化，都能傳遞最微妙的信息。

如正視表示莊重，斜視表示輕蔑，仰視表示思索，俯視表示羞澀等。在面試中，聚精會神地注視對方，表示對對方談話內容有濃厚興趣。為了避免過多地注視而令考官不安，可適度把目光放在臉部兩眼至額頭中部的上三角區。

一般來説，每一種眼神都有其特定的含義。例如：

a. 視線頻頻亂轉，會給人心不在焉或心虛的感覺；

b. 視線向下，則表示害羞、膽怯、傷感或悔恨；

c. 視線向上，是沉思、高傲的反映。

d. 在交談時，目光由下而上注視對方，一般有詢問的意味，表示「我願意聽你講下一句」；

e. 目光由上而下注視對方，一般表示「我在注意聽你講話」；

f. 頭部微微傾斜，目光注視對方，一般表示「哦，原來是這樣」；

g. 眼睛發光，一般表示對對方的説話充滿興趣；

h. 每隔幾秒偷看一下手錶，表示催促、不耐煩的意思，是希望對方結束談話的暗示。

目光運用的其他技巧

a. 注視對方時要注意眨眼的次數

一般情況下，每分鐘眨眼6至8次為正常，若眨眼次數過多，表示在懷疑對方所説內容的真實性，而眨眼時間超過一秒鐘就成了閉眼，表示厭惡、不感興趣。

b. 在交談過程中的目光對視

若雙方目光相遇，相對視，不應慌忙移開，應當順其自然地對視1至3秒鐘，然後才緩緩移開，這樣顯得心地坦蕩，容易取得對方的信任，一遇到對方的目光就躲閃的人，容易引起對方的猜疑，或被認為是膽怯的表現。

3. 眼神

眼睛是一個強大的工具，在求職面試時既能幫助你也有可能帶來傷害。越來越多的企業人力資源工作者和專家開始注意觀察應聘者的身體語言，尤其是眼神接觸。因此，學習在招聘面試時更好的目光接觸有助於你處於更有利的地位。

a. 選擇房間內最友好的一位

如果有多位面試官，最好是找讓你感覺焦慮和緊張少一些的一位，並與他的眼神接觸作為回應。這有助於放鬆並能讓你更好的通過面試。

b. 不要僅僅停留在一個人身上

與每個人眼神接觸，甚至只有幾秒鐘時間。否則，其他人可能會感到被忽視。

c. 不要看其他地方

特別是回答困難問題時。你可能需要在鏡子前做練習，因為在感覺困擾或有壓力時看其它方向是一種自然反應。

d. 眨眼

保持目光接觸並不意味著以一種方式看人保持不動。應將眼神從一個人移動到另一個，在面試官在紙上寫東西時看他的手，或談論房間裡其他東西或人時一起與他一起撇過去。

e. 確保在介紹，握手和回答與工作相關問題時保持眼神接觸。

f. 為給對方留下更好的印象，應在握手時微笑，這可以傳遞友好和開放心態。

g. 如果在工作面試時與某人眼神接觸感覺不舒服，最好的技巧是在眼神不離開的情況下，注意另一個臉部特徵。鼻子是一個很好的選擇，其次是顴骨或眼眉。它們都很接近眼睛，大多數人不會在談話時注意到不同之處。

h. 避免向下看自己的手或望向窗外。這是最常見的兩個錯誤，會馬上給人留下過於害羞或猶豫不決的印象。此外，在談話時不要看對方的嘴巴。在眼睛和嘴巴之間交替很好，但除了眼睛以外，不要關注任何部位超過幾秒鐘時間。

對答宜忌

在面試中，你只要不小心説錯了話，就如同簡歷裡滿是錯字，會讓你瞬間落敗。那麼究竟有哪些看似無關痛癢的話語，可到頭來卻會讓自己在面試中踩地雷呢？

1.「我很緊張。」

面試的時候人人都會緊張，這點完全可以理解，但並不代表公司會願意聘請一個對自己沒有足夠自信、會膽怯的人。所以，在這個問題上沒必要坦白誠實，即使你真的感到心慌到冒汗，都必須假裝鎮定，否則落選的可能性很大啊。

2.「我想談談薪酬。」

坦白説，找工作大多為的就是賺錢，薪酬福利自然是求職者最最關心，不過除非面試已經進行到尾聲，或者面試官主動提到了這個問題，否則不建議過早談錢，因為現在越來越多公司更傾向於尋找對公司認同，有使命感的員工，一開口就談薪酬，這樣會給人一種為了錢才會來應聘的壞印象。

3.「我真的很需要這份工作。」

某個人對你來説已經是可有可無，但對方卻死纏爛打説很需要你，求你不要分手，你會同意繼續一起嗎？其實應聘工作也是一樣的道理，你可以顯得很積極，很熱衷於這份工作，但不要給人一種在乞討的感覺，這會讓面試官認為你無能軟弱，懷疑是不是別的公司都不肯要你。請記住，事業和工作是不一樣的，公司永遠都希望員工可以把在公司奮鬥視為自己的事業，有歸宿感，而非只是一個維持生計的地方。

4.「我的前任/現任上司太極品了。」

面試的時候難免會被問及「為甚麼要辭掉上一份工作」，或者是「評價一下前一位上司或公司」之類的問題，也許你是因為在前一家公司遭到了非人對待才離開，但千萬千萬不要和你的面試官坦白，即使面試官看起來很好相處，很好說話。因為這樣不僅會讓你看起來小器負面，還會讓人覺得你不忠誠，如果請了你，隨時會被說壞話，還有可能過橋抽板。

5.「我希望/我需要……」

在面試的時候不要總談自己想怎麼樣，求職者身份比面試官要低，所以應該禮貌地去聆聽對方需求，並且說服他們你可以怎樣去滿足他們。除非你是被高薪挖角的，否則千萬不要擺高姿態，這樣會顯得你自視過高和難以相處。

6.「請問面試大概需要多久呢？」

這是絕對絕對永遠不應該和面試官說的話。工作面試是大事，如果你顯得非常趕時間，貌似還有更重要的事情等著你去做，那麼面試官會如你所願，早早了事讓你離開。要知道如果面試一切順利，可能會談得更為詳細，時間會更長，因此前去面試一定要預留好充足的時間。

7.「貴公司的福利實在太好了。」

你可以心裡默默想著，但千萬不要説出來，不然會讓面試官覺得你對公司能帶給你甚麼好處比你能為公司貢獻甚麼更感興趣，眼睛只看到福利薪酬的人，誰會願意請呢？

8.「請問我有多少天有薪假期？」

問了絕對「踩地雷」的一個問題。還沒到公司上班，還沒做出任何貢獻前，就已經打起了有薪假期的主意，難道你希望公司覺得你是個上班後會放完所有有薪病假，一直盤算著怎麼才能一分錢不少，但又可以偷懶的人嗎？如果有這樣的問題，可以選擇事情敲定後，談到薪酬福利時再問，或者和人事部咨詢，但這種敏感的問題最好要輕描淡寫。

9.「我不太想談這件事。」

除非面試官問的問題非常隱私，或者是違法的，讓你非常尷尬，否則不應該回絕別人的問題，因為這樣會讓面試官覺得你有甚麼隱藏著不願意說實話，或者是你沒準備好，根本不懂該怎麼回答。

10. 粗言穢語

其實這點應該人人都知道吧？面試的時候說粗言穢語，或者說一些很潮流的詞語會給人很不認真，甚至是沒禮貌、低俗的印象。如果連面試這麼關鍵的時候都管不住自己的嘴巴，不懂得說話之道，未來又怎麼有可能做好自己的工作呢？

11.「我懷孕了/離婚了/最近家裡出事了。」

這是工作，沒有必要去和別人分享自己的私事，而且這些事情對人的情緒影響較大，主動「自爆」，反而會讓公司擔憂你是否能夠勝任工作，你是否會經常需要請假等等。

12.「我沒有問題想問了。」

這是很多人在面試的時候都會被問到的，表面上是準備結束面試，對方順帶禮貌問一句看看你是否還有疑問，但應聘者絕對不可以掉以輕心，如果你直接說沒甚麼要問的了，或者問的盡是些薪酬福利的，會讓面試官感覺你準備不充分，對工作和公司其實沒多大興趣。

表現積極

面試是你整個求職過程中最重要的階段。成敗均決定於你面試時的短短一瞬間的表現。想要給面試官留下表現積極的良好印象？以下15個提示將給你帶來成功的契機。

1. 多帶幾份履歷前往面試

沒有比當被要求提供多一份履歷，而你卻沒有更能顯示你缺乏準備的事了。多帶幾份履歷，因為面試官可能不止一個，預先料到這一點並準備好，會顯得你做事心思細密。

2. 留心你自己的身體語言

盡量顯得精警、有活力、對面試官全神貫注。用眼神交流，在不言之中，你會展現出對對方的興趣。

3. 初步印象和最後印象

最初的5分鐘和最後的5分鐘往往是面試中最關鍵的，在這段時間決定了你留給人的第一印象和臨別印象，以及主考人是否欣賞你。最初的5分鐘內應當主動溝通，離開的時候，要確定你已經被對方記住。

4. 完整地填妥公司的表格，即使你已經有履歷

即使你帶了履歷來，很多公司都會要求你填一張表格。你要願意並且有始有終地填完這張表，才會傳達出你做事正規、做事有始有終的信息。

5. 記著：每次面試的目的都是獲聘

你必須突出地表現出自己的性格和專業能力以獲得聘請。面試尾聲時，要確保你知道下一步怎麼辦，和僱主甚麼時候會做決斷。

6. 清楚僱主的需要，表現出自己對公司的價值，展現你適應環境的能力

7. 要讓人產生好感，富於熱情

人們都喜歡聘請容易相處且為公司自豪的人。要正規穩重，也要表現你的精力和興趣。

8. 要確保你有適當的技能，知道你的優勢

你怎麼用自己的學歷、經驗、受過的培訓和薪酬和別人比較。談些你知道怎麼做得十分出色的事情，那是你成功找到下一份工作的關鍵。

9. 展示你勤奮工作追求團體目標的能力

大多數主考人都希望找一位有創造力、性格良好，能夠融入到團體之中的人。你要必須通過強調自己給對方帶來的好處，來説服對方你兩者皆優。

10. 將你所有的優勢推銷出去

推銷自己十分重要，包括你的技術資格，一般能力和性格優點。僱主只在乎兩點：你的資歷認證、你的個人性格。你能在以往業績的基礎上工作，並適應公司文化嗎？談一下你性格中的積極方面並結合例子，告訴對方你在具體工作中會怎麼做。

11. 給出有針對性的回答和具體的結果

無論你何時説出你的業績，舉出具體例子來説明更有説服力。告訴對方當時的實際情況，你所用的方法，以及實施之後的結果。一定要有針對性。

12. 不要害怕承認錯誤

僱主希望知道你犯過甚麼錯誤，以及你有哪些不足。不要害怕承認過去的錯誤，但要堅持主動地強調你的長處，以及你如何將自己的不足變成優勢。

13. 和過去業績成就相關的故事

過去的成績，是對你未來成績最好的簡述。如果你在一個公司取得成功，也意味著你可以在其他公司成功。要準備好將你獨有之處和特點推銷出去。

14. 面試前要弄清楚你潛在僱主的一切

盡量為未來僱主度身訂造你的答案，關於公司的、客戶的，以及你將來可能擔任的工作，用對方的用詞風格說話。

15. 面試前，先預演

嘗試思考你會被問及的各種問題和答案，即使你不能猜出所有你可能被問的問題，但思考它們的過程時，會讓你減輕緊張的情緒。

資料室

考官如何透視面試者的非語言信息？

面試是一種通過面試官與應聘者面對面觀察和交談的雙向溝通方式，由外到內考察應聘者相關能力的測評方法。

面試中，應聘者為了增加成功的概率，往往會對如何回答面試官的提問進行精心準備，從而可能導致語言信息的失真，而相對於語言信息來說，非語言信息（尤其是體態語言）不僅具有先天性或習慣性，而且是人們無意識或半意識狀態下顯示出來的，是人們內心狀態的真實反映，比語言信息更真實、更可靠。語言信息可能會「言不由衷」，但非語言信息卻常常是「真情流露」，它能對語言信息的真實性起到驗證作用。

在面試過程中，面試官會眼觀六路，耳聽八方，注意察言觀色，將注意力主要放在非語言行為的辨別、接受與轉釋上。非語言行為可以分為三類：

第一種：有聲的、未經過加工的語言，比如脫口而出的話、口頭禪、習慣性的尾音。

第二種：無聲的身體語言，即身體各個部位無意識的動作，如眨眼、摸鼻子等。

第三種：無聲的習慣，如外表形象、穿著打扮，這些都能表露出一個人的內心活動來。

所以我們可以以下從三個方面來對應聘者的行為進行觀察和判斷：談話方式、身體語言和形象語言。

1. 談話方式

觀察應聘者的類語言。「類語言」，是指人體發出的類似語言的非語言符號，如笑聲、哭聲、嘆息、呻吟、哼哼及各種叫聲，還包括説話時的方式、語音、語調、音調、音速、音響等。

a.言談方式：言語本身具有虛偽性，而一個人的言談方式反映了他的思維和個性。在這種情況下，我們可以通過觀察對方的言談方式來輔助判斷。總的來説，説話的多少代表溝通和傾聽的意識；説話內容的巧妙程度代表思維的敏捷程度與為人處事方式；與他人觀點交鋒的方式可以看出一個是否自信，有親和力和責任心。

言談方式	表達涵義
能言善辯	思維敏捷，圓滑世故
喋喋不休	心胸狹小，責任心差
不愛説話	性格內向，缺乏自信
説話簡潔	豪爽大方，果斷俐落
多聽少説	性情溫和，沉著老練
説話恭敬	圓滑世故，適應力強
含糊其辭	思維嚴謹，圓滑世故

避實就虛	文過飾非，敷衍了事
喜歡自嘲	豁達樂觀，包容大度
說話刻薄	為人挑剔，人緣較差
滿腹牢騷	好逸惡勞，自私自利
見風使舵	圓滑世故，責任心差
喜歡爭辯	自尊心強，推卸責任
喜歡糾正他人觀點	主動自信，直率單純
喜歡打斷他人說話	急躁衝動，獨斷專行
喜歡旁敲側擊	圓滑世故，洞察力強
喜歡用證據說服對方	思維嚴謹，洞察力強
喜歡說笑話活躍氣氛	親切隨和，有同情心

b.語速語調：在面試中，面試官可以通過應聘者表達句子時採用的語調和重音，理解其強調的重點及態度傾向，從而判斷他的個性和能力。通常而言，說話的快慢代表思維敏捷程度和個性穩重程度；說話音量的大小代表自信和謹慎程度；說話時的表情和動作的豐富程度則代表內外向程度。

語速/語調/表現	表達涵義
像機關槍	外向活潑，比較自我，脾氣急躁
慢條斯理	深思熟慮，心機較重，漠不關心
沉穩	深思熟慮、處變不驚
停頓較多	反應較慢，自信心差
聲量大	脾氣暴躁，活潑開朗，唯我獨尊
聲量小	心思縝密、謹小慎微、嚴守秘密
低沉	穩重謹慎，深謀遠慮，適應力強
不快不慢、聲音小	性格內向，忠厚老實，缺乏自信
抑揚頓挫	表現欲強，感情豐富
平鋪直敘	待人冷淡，不善表達，嚴謹細緻
表情豐富	開朗活潑，激情衝動，是非分明
身體語言豐富	開朗活潑，好勝心強，比較做作
撅嘴	憤世嫉俗，打抱不平，執著堅定

c.口頭禪：口頭禪並不是與生俱來的，而是在個人長期生活過程中慢慢形成的，與使用者的性格、生活遭遇或是精神狀態密切相關。從不同的口頭禪裡，我們可以大致讀懂一個人的心。

口頭禪/習慣使用	表達涵義
「説真的、老實説、的確、不騙你」	心存疑慮，擔心對方會誤解自己的意思，性格急躁
「差不多吧」、「隨便」	安於現狀，缺乏主見，目標不明確，做事不嚴謹
「應該、必須、必定會、一定要」	自信、理智、冷靜，專制固執，有領導欲望
過度使用「應該」	對事情沒太大把握，自信不夠，或了解不深，有説謊可能
「聽説、據説、聽人講」	自信心、決斷力不夠，處事圓滑，推卸責任
「可能是吧、或許是吧、大概是吧」	自我防衛能力強、處事冷靜
「但是、不過」	委婉，性格溫和
「啊、呀、這個、那個、嗯」	詞彙量少，思維慢，反應遲鈍，或者有城府
「果然」	自以為是
「其實」	表現欲強，任性倔強，有點自負
「確實如此」	淺薄無知，自以為是
「真的」	缺乏自信
「我個人的想法是」、「是不是」、「能不能」	和藹可親，客觀理智，尊重他人
「我要」、「我想」、「我不知道」	思想單純，愛意氣用事
「看我的」、「沒問題」	充滿自信，樂於承擔責任
「絕對」	武斷，缺少自知之明
「我早知道了」	表現欲望，缺少耐性
「在我的字典裡」	比較自我，以個人為中心
流行詞彙	學習能力強，性格外向，喜歡引人注目
外來語言	虛榮心強，愛誇耀自己
地方方言	自信心強，個性十足

二、身體語言

身體語言所表達的往往就是個人心底深處的真實意思。它是下意識的，和心理話的關係最近，虛假成分也最少。例如，同意、肯定或贊許會點頭；反對、否定或批評會搖頭；嘲笑他人會「嗤之以鼻」；得意忘形會「趾高氣揚」；自身反省會「撫躬自問」與「捫心自問」；憤怒急躁會「戟指怒目」；心藏怒火會「橫眉緊鎖」、「牙關緊咬」；心裡非常高興會「喜笑顏開」、「手舞足蹈」。這些現象表明，內在情感和質素存在著體態語表現的必然性。

身體語言所表達的往往就是個人心底深處的真實意思。人的身體語言是在長期生活過程中逐步形成的，具有不同心理質素的人，其身體動作的表現形式是不同的，這也就給我們進行評價和判斷提供了一個很重要的依據。面試中應重點關注的體態語言有如下幾點：

1. 手勢。由於人的雙手是暴露在外面的，我們非常容易看見，所以通過人們雙手的動作變化，就可以大致猜出對方的想法和情緒。

<table>
<tr><th>雙手表現</th><th>表達涵義</th></tr>
<tr><td>手臂自然張開</td><td>開朗、自信、放鬆</td></tr>
<tr><td>雙臂交叉抱於胸前</td><td rowspan="3">內心緊張但又竭力掩飾</td></tr>
<tr><td>一隻胳臂橫過胸前，握住另一隻自然下垂的胳臂</td></tr>
<tr><td>一隻手觸摸另一隻手上的手錶、袖扣等物品</td></tr>
<tr><td>雙手叉腰</td><td>自信、願意接受挑戰</td></tr>
</table>

雙臂放背後	自信、放鬆
手臂揮動	表達必勝心態
手臂亂舞	做作、有撒謊的可能
手指不停地轉動手裡的東西	緊張、煩躁不安、心不在焉
常托眼鏡，或把玩領帶等小動作	心神不寧
手指摩擦手心	焦慮
扶眉骨	典型的羞愧
用手摸後頸	懊悔、怨恨，防衛式姿勢
撓頭	不知所措

2.握手。通過握手，可以感覺出應聘者的個性、修養和心理狀態。握手的時間代表了對對方的尊重和熱忱度；握手的力度代表了自信心、堅韌性；握手時掌心的方向體現出是否有支配他人的欲望。

握手表現	表達涵義
男性一面握手，一面注視對方	有心理優勢、不易妥協
女性一邊握手，一邊注視對方	有意引起對方注意博取好感
握手時軟弱無力	缺乏堅強的個性、遇事優柔寡斷
用力握手	性格主動外向、辦事講效率、易急躁
男性握手時手心有汗	情緒高漲、內心失去平穩
女性握手時手心有汗	與他握手的男性引起她的某種興奮
握手時用力過猛	精力充沛、自信心強、獨斷專利、領導才能突出
握手時力度適可，動作穩實，雙目注視對方	個性堅毅坦率、有責任感、思想縝密、值得人信賴
握手時只輕柔地觸握	隨和豁達、謙和從眾
握手時雙手握住對方	熱誠溫厚、心地善良、對人推心置腹、喜怒形於色而愛憎分明
握手時握住對方久久不放	情感豐富、喜交朋友
握手時只用手指握住對而掌心不與對方接觸的人	個性平和而敏感、情緒易激動、富同情心

握手時緊抓住對方不斷上下搖動	樂觀向上、熱誠
不願意與人握手	性格內向羞怯，保守但卻真摯
握手時掌心向上	誠實、謙遜、屈從
握手時掌心向下	抵制、支配、壓制
握手時只抓指尖	缺乏誠意

3.站姿。站姿能反映出一個人的性格以及對他人的看法。需要注意的是，隨著對方心理的變化，各種站姿可能會交替出現，面試官需要根據現場的情況進行綜合分析和判斷。

站姿	表達涵義
昂首挺胸、雙目平視	自信、樂觀、豁達
雙腳自然站立，左腳在前	親切隨和
站姿不正，彎腰駝背	精神萎靡、不夠自信
雙腳平行站立，雙手交叉抱於胸前	憤怒、有攻擊意識
站姿正規但沒有精氣神	呆板、個人意識強
雙腳自然站，雙手插在褲兜裡，時不時取出來又插進去	謹慎、呆板、抗挫折能力差
雙腳並攏自然站立，雙手背在背後	自信、放鬆
行為表現	表達涵義

4.步姿。有人說腳是人的「第二心臟」，人的思維活動可以通過腳步動作表現出來。每個人的步行姿勢是在適應社會生活過程中逐漸形成的，人們的性格特點已經慢慢埋藏在走路的姿勢裡了。腳步的快慢反映了作風的幹練程度；腳步的大小反映了個性是果斷還是謹慎。

步姿	表達涵義
腳步輕快	內心愉悅
腳步小且輕	謹慎、服從
腳步匆忙、沉重且凌亂	開朗、急躁、缺少城府
腳步大，步點急促	精明能幹、遇事不驚
昂首挺胸、雄赳赳氣昂昂	自信、思維敏捷、組織能力強
腳步沉穩	沉著、踏實
身體前傾	溫柔內向、謙虛、堅強不屈
節奏感強	信念堅定、意志力強
一搖三晃	裝腔作勢
連蹦帶跳	沒有心機、安分守己、不求名利

5.坐姿。通過一個人的坐姿，也可以了解應聘者的性格和心理。坐姿是否穩反映了個性是否沉穩；身體前傾還是後仰，體現了對對方是尊重還是輕視；雙腿是交叉、並攏還是放開，可以看出是當時的心情是沉著、緊張還是放鬆。

坐姿/行為表現	表達涵義
翹起二郎腿（女性）	有強烈的顯示自己的欲望
翹起二郎腿（男性）	有很強的對抗意識、自信、隨便
雙腿緊緊並攏	膽怯、害羞、緊張
雙腿不斷地相互碰撞或抖動	心情不平靜
兩腿交叉，雙臂張開	沉著冷靜、應變能力強
兩腿交叉，雙臂也交叉	缺乏冒險精神和責任感
雙腳著地，微微分開	做事踏實認真、好勝心強
雙腳著地，分得很開	熱情開放、輕鬆自在、寬容
喜歡把手放在腿上	傳統保守、辦事小心、容易顯得拘謹而不自然
把雙手放在屁股下邊	竭力控制自己的情緒
把雙手放在雙腳中間	有許多期待但不付諸行動，只是被動等待
身體前傾而坐，直視對方	對對方的話題產生興趣
後仰而坐	無視對方存在、傲慢
正襟危坐，目不斜視	嚴謹、周密、沉穩，創新不足

側坐在椅子上	放鬆、不拘小節、率真善良
把身體蜷縮在一起，雙手夾在腿之中	自卑、謙遜，缺乏自信
身體坐不穩，好像座椅使之感到不舒服	緊張、不自在

三、注意應聘者的形象語言

形象語言，是指通過外表、穿著、打扮、面部表情等來傳遞信息、表達情感的非語言符號。形象語言能夠表明主體的身份、地位和職業，而且也可以表現情感和價值觀念。

1.外表。從心理學上來説，每個人的相貌反映著其相對應的身體和心理的狀態，比如一個身體健康、身心愉悦的人，其通常都是紅光滿面、神采奕奕。相反，一個身體有病，或者苦惱憂愁的人通常愁雲密布、眉頭緊鎖，其多半是很難有順心的事。

2.髮型。頭髮是人體一個很重要的組成部分，關係著人的整體形像。髮型是一張表情豐富的臉，不同的髮型顯示著人們的不同性格和心理。對於女性而言，頭髮的長度反映了其耐心和細緻性程度，因為打理一頭長髮需要較多的時間和精力。無論男性還是女性，髮型越普通，其個性越大眾化；髮型越特別，在性格上越傾向於特立獨行。

髮型（女性）	表達涵義
長直髮	傳統、內心淳樸、溫柔善良、人緣好
長鬈髮	沉穩、細緻、追求個性、對事業雄心勃勃
超長髮	堅韌、有耐心、細緻、偏執、可能會走極端
中長髮	中庸、既不守舊也不主動衝在前面、易滿足
短直髮	幹練豁達、充滿朝氣、做事俐落、有條理
短鬈髮	青春活潑、內心狂野
馬尾	活潑開朗、有朝氣
梳髻	端莊自律、傳統保守、不喜歡改變
紮辮	嚴謹、固執

髮型（男性）	表達涵義
髮型隨意	喜歡找藉口、不願改變自己，但又經常妥協
長髮	既世故練達、又前衛新潮、行事大膽、自信心和事業心強
簡潔短髮	有強大的野心、但缺乏責任心、遇到挫折時常常選擇逃避
燙髮	對流行事物很敏感、很在意自己的外形、積極樂觀、隨機應變
髮型蓬鬆	做事保守、固執
古怪髮型	自我、表現欲強、立場堅定、有氣魄和膽識、喜歡挑戰強權
平頭	男人味十足、比較保守和傳統、內心溫柔細緻、在意在別人面前的表現
光頭	給人一種神秘感，令很多人都無法猜透其心中所想

3.穿著。從應聘者的服裝款式上，面試官可以揣摩出他是一個甚麼樣的人、看出他性格的優點和缺點。這裡所指的是衣著除衣服以外、還包括人身體上的眼鏡、包、手錶等各種飾品。

著裝	表達涵義
衣著華麗	虛榮心強、不會刻意掩飾自己
衣著樸素	低調務實、能吃苦耐勞

衣著新潮	接受新事物快、但也容易喜新厭舊、比較單純
衣著落伍	個性叛逆、難以融入團隊
衣著凌亂	性格內斂、不善於交際、內心單純、喜歡鑽研專業問題

4.表情。人的臉部可做出大約2.5萬種表情、是非語言信息最豐富、最集中的地方。據有關專家研究認為、在求職面試中、從應聘者面部表情中獲得的信息量可達50%以上、可以說表情是思想的畫板。

在面試過程中、面試官借助於對應聘者面部表情的觀察與分析、可以判斷應聘者的情緒、態度、自信心、反應力、思維的敏捷性、性格特徵、人際交往能力、誠實性等素質特徵。基本的微表情有如下幾個：

表情	表達涵義
總是面無表情	缺少人情味
表情豐富	熱情活潑
微笑	自信
微偏頭微笑	自在友善
開口大笑	性格開朗
抿著嘴笑	高深莫測
恭維地笑	表面順從
笑的時候臉色變紅	想法容易動搖
用嘴捂著笑	害羞
向一邊撇嘴唇	不屑
抿嘴唇	窘迫、緊張
嘴微張、眼睜大	錯愕

作為表情的核心部分、眼睛泄露出來的內心秘密、是面試中需要重點關注的內容。意大利藝術家達芬奇曾有過「眼睛是心靈的窗戶」的論述、還有一句歌詞叫「你的眼睛背叛了你的心」、都不約而同地道破了眼睛的微觀動作能顯示內心情感的語言功能。比如、瞳孔的放大與收縮、分別傳達正面和負面的信息；視線的方向的高低代表了尊敬與傲慢；注視時間的長短、反映其對談話內容的感興趣程度。

眼睛的微觀動作	表達涵義
眼睛清澈明亮	天真無邪
眼睛混濁呆滯	久經風霜、遭遇坎坷
眼睛大而無神	頭腦簡單、隨遇而安
瞳孔放大	喜歡、興奮、關注、或是受到驚嚇
瞳孔收縮	厭惡、戒備、憤怒
眨眼頻繁	緊張、焦慮或惶恐不安
一邊說話、一邊東張西望或遙望遠方	對話題不感興趣
說話時目光飄忽不定	可能在撒謊
斜著眼睛看著對方	對對方非常感興趣卻又不想讓對方知道
被對方注視時、便立刻移開視線	自卑
視線不集中在對方、很快移開視線者	內向
和對方差不多高、視線向上看對方	尊敬、敬畏
和對方差不多高、視線向下看對方	傲慢
平行視線看對方	理性、冷靜
不注視對方、或回避對方的視線	不誠實、有所隱瞞、不自信、不感興趣或厭惡等
長時間注視對方	對對方比對談話內容更感興趣
注視時間太短	有對對方和談話內容都不感興趣或厭惡的嫌疑
長時間用友好而坦誠的眼神看對方、間或還會眨眨眼睛	對對方印象比較好、喜歡對方

用鋭利的目光或冷峻的表神審視對方	有一種警告的感覺
用目光上下打量對方	對對方的蔑視、清高自傲、喜歡支配他人
思考時眼珠向右上方轉	喜歡幻想
思考時眼珠向右下方轉	心思細密、疑心較重
思考時眼珠向左上方轉	喜歡回憶往事
思考時眼珠向左下方轉	想像力與思考力都很強、喜歡自由自在、無拘無束地生活
眼睛左顧右盼	害怕

此外、長在眼睛上方的眉毛、在面部中佔有重要的位置、能豐富人的面部表情、雙眉的舒展、收攏、揚起、下垂可以反映出人的喜怒哀樂等複雜的內心活動、因此、有人把眉毛看作是心靈的窗簾。仔細觀察、你會發現、眉毛其實就是一張心情的晴雨表。每當心情改變時、眉毛的形狀也會發生改變。

眉毛	表達涵義
雙眉上揚	非常欣喜或極度驚訝
單眉上揚	不理解或有疑問
皺起眉頭	陷入困境、或是拒絕、不贊成
眉毛迅速上下活動	心情愉快、內心贊同或對你表示親切
眉毛倒豎、眉角不拉	極端憤怒、異常氣惱
眉毛完全抬高	難以置信
眉毛半抬高	大吃一驚
眉毛全部降下	怒不可遏
眉頭緊鎖	內心憂慮、猶豫不決
眉心舒展	心情坦然、愉快

總之、以上所總結的行為觀察的各個方面不是獨立的、我們應當把應聘者在各個方面的表現和情況聯繫起來，從整體上進行綜合分析和判斷，切不可抓住一點，而不顧其餘。

Chapter 05
你必要知道的郵政知識

香港郵政歷史

香港郵政早於《南京條約》簽訂前的1841年8月28日已經成立，在開始時經營權屬於英國皇家郵政，直到1860年5月1日經營權轉讓至郵政署署長。香港郵政自1877年4月1日以英國海外領土的一部分加入成為萬國郵政聯盟成員，於1997年7月1日香港主權移交後仍然繼續參與，並且繼續以中國郵政以外的一個獨立實體營運。

1846 年「第二代」香港郵政總局

1911 年「第三代」香港郵政總局

「第四代」香港郵政總局位於中環怡和大廈北面，面向維多利亞港。

1.「四代」郵政局

香港第一所郵政局設立於聖約翰座堂附近之小山崗上，於1841年11月12日啟用，當時華人稱其為書信館，其後於1846年遷至皇後大道中與畢打街，再於1911年遷至位於在畢打街與德輔道中交界處（現址為環球大廈）。直至1970年代因為興建港鐵中環站，郵政總局再次搬遷，於1976年8月1日搬遷至康樂廣場2號的現址。

2. 收件和派件的制度演變

早期的郵政局並無固定的收件和派件時間，寄信人只需要將信件放置在郵政局的接收桌上。至於收信則是自己去檢查由外地寄來的郵件，秩序混亂。直到1843年，郵政局才有規定閒雜人等不得擅自檢查局內郵件。

1989年，香港郵政於中環郵政總局引入自動化郵件分揀機。

現時，位於九龍灣的「中央郵件中心」（原址為紅磡，名為「國際郵件中心」，因受港鐵沙田至中環線鐵路工程施工影響而遷址），設有3部自動分信戳郵機，能查驗郵資、蓋銷郵票及將郵件作初步分揀，每小時可處理27,000封郵件。新中心又購置了12台綜合揀信機，利用光學文字閱讀技術，自動掃瞄郵件上的派遞地址，然後把信件分揀至所屬派遞段。每台綜合揀信機每小時可處理多達34,000封郵件，中心亦設有人手分揀區，專門處理不能以機械方式分揀的郵件。

中央郵件中心的郵件分揀及處理區，設有三台自動分信戳郵機。

3. 營運基金形式運作

由1995年8月1日起，郵政署轉以營運基金形式運作，並維持至今。

於開始以此方式運作時，獲得資本投資基金注入21億港元的初期資本。於1996年至1997年度及1997至1998年度，來自集郵服務的利潤異常豐厚，分別為7.2億港元及12.1億港元，使到郵政署在該兩個年度各自錄得經營利潤超逾10億港元。因此，在該兩個年度，郵政署均可以達到財政司司長所釐定的每年10.5%的固定資產回報目標。

1996年，郵政署提供與中華人民共和國的匯款服務，原因是越來越多中國大陸集郵人士匯款郵政署購買集郵產品。同年，郵政署認為提供與菲律賓的匯款服務亦具市場潛力，原因是大量菲律賓家務助理在香港工作，需要匯款回鄉。所以，郵政署與菲律賓郵政研究匯款服務的發展潛力。

4. 郵筒轉新裝

香港主權移交前，香港郵筒被漆成與英國郵筒相同的紅色，並且刻有英國皇家徽章。香港主權移交後，郵遞員的的制服及郵筒的顏色主調更改為綠色及紫色，並且使用新的郵政標誌。

5. 郵政收入及財務狀況

郵品炒賣風氣過後，香港郵政缺乏了郵品銷售此主要收入來源，由1998年至1999年度起，來自集郵服務收入亦顯著下跌。

隨著電子商業興起，網上購物促使顧客對快捷的輕度重量寄件服務的需求有所增加。然而，市場上欠缺可以供予香港市民包裝寄件專用的合適包裝箱。2012年8月31日，香港郵政宣布推出發售特快專遞新產品——「快趣．箱」，旨在滿足電子貿易商業郵寄件予海外網絡顧客。

本地郵件服務一直依賴其他服務的收益補貼，營運收入的增加逐漸未能夠抵銷不斷上漲的營運成本。郵政署營運基金的主要成本項目包括，職員薪酬及福利、航空運輸及終端費用，各項均於近年顯著上升，導致郵政署營運基金的財政狀況自2007年至2008年度起持續下滑，並且自2011年至2012年度起錄得營運虧損。根據2011年至2012年度的香港郵政年報，其總收入為50.14億港元，支出為50.64億港元，虧損5,000萬港元。

至2013年，香港郵政面臨轉以營運基金形式運作後最嚴重的財政危機，根據2012年至2013年度的香港郵政年報，其總收入為51.76億港元，支出為52.9億港元，虧損1.14億港元，為連續第二年虧蝕，虧損比較上次年度擴大1.3倍。香港郵政遂於2013年10月1日起增加本地及海外郵件的郵費，及於同年12月1日起調整多項費用，包括信箱及信袋租用費用、郵包轉遞費用、掛號費用、強制掛號費用以及記錄派遞費用；其中租用郵政總局信箱加幅25%；郵包掛號及強制掛號費用加幅約19%；冀望有助於紓緩其財政壓力。為了控制成本，國際郵件中心和香港郵政總局揀信組將會合併遷入於2014年年底啟用的中央郵件中心，使到郵件處理更具效率。香港郵政亦加強與國際夥伴合作，配合網上購物發展所帶來的服務需求，增加收入。

面對巨大的財政壓力、互聯網科技對郵政需求的影響，規劃署於2014年重定規劃指引，降低郵局的密度，由過去距離人口密集地區零點八公里須設一家郵局，放寬至一點二公里，並取消郵局服務人口通常不少於三萬人的規定。新修定落實後，由2015年起，香港郵政試行於市區以流動郵政服務取代部分嚴重虧蝕或人流欠佳的郵局。

今日郵政服務

郵政服務：

a. 一般派遞

b. 本地郵政速遞

c. 特快專遞

d. 香港郵政通函郵寄服務（只適用於部分郵政局）

e. 直銷函件

f. 郵政信箱租賃（只設立於部分郵政局）

物流服務：

a. 商品存倉

b. 存貨管理

c. 收款

d. 派遞

郵差從郵件儲存櫃（紫色）取出郵件分批派遞。

郵差駕駛小型郵政車在山頂區派遞郵件。

郵差騎單車在上水鄉派遞郵件。

櫃位服務：

a.「郵繳通」（繳交政府部門及公共事業費用服務）

b. 報關服務

c. 郵政匯款服務

d. 郵趣廊精品

集郵服務（只適用於部分郵政局）

a. 郵品訂購服務

b. 海外郵品訂購服務

電子業務

a. 電子證書

b. 郵電通

c. 樂滿郵網上購物

各區郵政局位置

截至2018年12月，郵政署共有超過120間郵政局，遍佈香港、九龍、新界及離島各區，並且有3輛流動郵政局專車停泊較遠離郵政局的地區，為不同地區的香港市民提供郵政服務。

1. 港島區：

a. 中西區：郵政總局、上環、山頂、西營盤、堅尼地城、雲咸街

b. 灣仔區：銅鑼灣、告士打道、莊士敦道、跑馬地、白建時道、摩理臣山、灣仔

c. 東區：七姊妹、小西灣、太古城、杏花邨、柴灣、筲箕灣、興民街、興發街、英皇道

d. 南區：利東、赤柱、香港仔、數碼港、薄扶林、淺水灣、華富、鴨脷洲

2. 九龍區：

a. 油尖旺區：九龍中央、尖沙咀、大角咀、加連威老道、廣華街、旺角

- （註：位於弼街的旺角郵政局，是由郵政署與香港建築師合

作，耗資400萬港元翻新。該郵局以全新的設計，改善過往郵政局經常出現的分流及效率問題之餘，更一改以往給人的刻板形象，亦新增「無障礙設施」，方便傷健人士使用。除了獲得職員和公眾認同外，更獲得國際設計獎項，此項全新設計將會成為未來各區郵政局翻新時的計劃示範。

b. 深水埗區：又一村、石硤尾、蘇屋、長沙灣、美孚新邨、深水埗、麗閣

c. 九龍城區：九龍城、土瓜灣、何文田、紅磡灣、愛民、機利士路、協調道

d. 黃大仙區：牛池灣、竹園、彩虹邨、富山、黃大仙、慈雲山、樂富

e. 觀塘區：九龍灣、牛頭角、秀茂坪、東九龍、油塘、順利、藍田、觀塘

3. 新界區：

a. 元朗區：

- 元朗市中心：元朗
- 天水圍：天悅、天耀
- 元朗鄉郊：新田、錦田、錦繡花園

b. 屯門區：屯門中央、大興、良景、富泰、蝴蝶

c. 荃灣區：石圍角、荃灣西、荃灣、楊屋道、梨木樹

d. 葵青區：

- 葵涌：石籬、荔景、葵芳、葵涌、葵盛

- 青衣：青衣、長發

e. 北區：

- 上水：石湖墟

- 粉嶺：華明、粉嶺

- 鄉郊：沙頭角

f. 大埔區：大埔、富善、運頭塘

g. 西貢區 ：

- 西貢市中心：西貢

- 將軍澳：尚德、彩明、寶林、將軍澳

h. 沙田區：

- 沙田：沙田中央、火炭、禾輋、沙田第一城、沙角、美林、新翠、廣源、顯徑

- 馬鞍山：利安、恆安、馬鞍山、錦泰

i. 離島區：

- 大嶼山：

東涌及機場：東涌、機場

大嶼山其他地方：大澳、梅窩、愉景灣

- 坪洲：坪洲郵政局
- 長洲：長洲郵政局
- 南丫島：南丫郵政局

4. 流動郵政局

流動郵政局是由一輛小型巴士改裝而成，方便行走至偏遠地區，為離郵政服務設施偏遠地區的市民提供郵政服務。流動郵政局能提供一般郵政局所設的基本服務（包括本地郵政速遞及特快專遞），惟包裹重量有較大限制。而市區的流動郵政局更配備「綜合郵務系統」，為市民提供繳費通及郵政服務。

郵政署轄下有3所流動郵政局，星期一至星期五（公眾假期除外）指定時間停靠指定地方提供郵政服務。

a. 流動郵政局主要服務地區

- **元朗區：**洪水橋、新圍、廈村、流浮山、橫台山、東頭圍、朗屏邨
- **屯門區：**黃金海岸、三聖邨、龍門居、兆康苑、山景邨、藍地

- **荃灣區**：深井、豪景花園、荃威花園、川龍村
- **北區**：軍地、馬尾下、打鼓嶺、蕉徑
- **大埔區**：林村、坪朗、康樂園、大埔工業邨、船灣磡頭角、汀角村、大美督
- **西貢區**：銀線灣、清水灣道十咪半、坑口永隆路、上洋、大坳門、清水灣道七咪、打鼓嶺新村、大埔仔、南圍、西徑
- **深水埗區**：郝德傑道
- **沙田區**：穗禾苑、威爾斯親王醫院、新田圍邨
- **大嶼山**：長沙、貝澳、東涌壩尾村
- **觀塘區**：樂華邨

5. 派遞局

郵政署在全香港共有27間派遞局處理香港、九龍及新界各區的派遞工作，各派遞局主要負責日常信件及掛號郵件之派遞。

a. 港島區及部分離島：

- **西營盤派遞局**：堅尼地域、西環、西營盤（部分）
- **郵政總局派遞局**：灣仔北（部分）、金鐘、中環、上環、西營盤（部分）、半山區、山頂
- **灣仔派遞局**：灣仔區、銅鑼灣、大坑、摩利臣山、掃捍埔、渣

甸山、跑馬地

- **東區派遞局：**北角區、鰂魚涌、七姊妹、西灣河
- **筲箕灣派遞局：**太古城、西灣河、筲箕灣、柴灣、小西灣、石澳山、白筆山（紅山）、石澳、赤柱、大潭
- **香港仔派遞局：**鴨脷洲、春坎角、南灣、中灣、淺水灣、深水灣、壽臣山、黃竹坑、布廠灣、深灣、香港仔區、南丫島（南部）、部分薄扶林道及摩星嶺區
- **華富派遞局：**華富邨、華貴邨、嘉隆苑及置富花園
- **南丫島派遞局：**南丫島（除索罟灣、蘆鬚城、模達灣、東澳及石排灣）
- **長洲派遞局**

b. 九龍區：

- **尖沙咀派遞局：**尖沙咀、九龍站一帶、黃埔花園及黃埔新邨
- **九龍中央派遞局：**窩打老道山、何文田、九龍塘、又一村、佐敦、油麻地、旺角、大角咀
- **九龍城派遞局：**紅磡及土瓜灣、九龍城、黃大仙、慈雲山、樂富、橫頭磡、竹園、鑽石山（部分）、斧山
- **東九龍派遞局：**新蒲崗、鑽石山（部分）、牛池灣、九龍灣、牛頭角、觀塘、藍田、油塘、鯉魚門及秀茂坪

- **長沙灣派遞局：**石硤尾、深水埗、長沙灣、荔枝角、美孚、九華徑

c. 新界東：

- **沙田中央派遞局：**大圍、沙田、火炭、小瀝源、馬料水、大埔白石角填海區、深涌、荔枝莊、東平洲、沙田坳、觀音山、茂草坳
- **馬鞍山派遞局：**大水坑、馬鞍山、十四鄉部分地區（樟木頭、泥涌、西澳、輋下、官坑、馬牯欖及大洞）
- **西貢派遞局：**西貢區、西貢半島、白沙灣、蠔涌、南圍、井欄樹、壁屋、大埔仔、十四鄉部分地區（井頭、西徑、瓦窰頭、企嶺下老圍及企嶺下新圍、大洞禾寮）、榕樹澳、塔門
- **將軍澳派遞局：**清水灣、將軍澳
- **大埔派遞局：**大埔區（除白石角填海區及大埔西貢北）、烏蛟騰、九坦租

d. 新界北：

- **石湖墟派遞局：**古洞、上水、粉嶺、沙頭角、打鼓嶺

e. 新界西：

- **元朗派遞局：**元朗、天水圍、洪水橋、廈村、屏山、錦田及新田
- **屯門中央派遞局：**屯門區
- **荃灣派遞局：**荃灣區（德士古道以西地區）、青衣島
- **葵涌派遞局：**葵涌區（德士古道以東地區）、馬灣

f. 大嶼山：

- **空郵中心派遞局：**東涌、機場、欣澳、大蠔
- **梅窩派遞局：**梅窩、貝澳、長沙、芝麻灣、塘福、水口、石壁、昂坪、大澳
- **愉景灣派遞局：**愉景灣
- **坪洲派遞局**

編制、派遞次數及服務評估

現時，郵政署共由20多個派遞局運作港九新界1,690個派遞段，每段均由一名派遞郵差提供派遞服務。郵政署共調配約千多名派遞郵差（其中約有一成派遞郵差為後備替假人員）提供派遞服務。

郵政署的目標是要為住宅區每日提供一次派遞服務，並為工商業區每日提供兩次派遞服務。1990年5月，郵政署於是將部分每日派信兩次的派遞段其中的514個改為每日派信一次，承諾98%的本地投寄信件會於投寄後下一個工作日派達收件人。

郵政署每月均會對各派遞局大約20個派遞段進行服務質素調查，以確定能否達到服務承諾的目標。

Chapter 06
能力傾向測試全攻略

演繹推理（Deductive Reasoning）

演繹推理（Deductive Reasoning）在傳統的亞里士多德邏輯中是「結論，可從叫做『前提』的已知事實，『必然地』得出的推理」。如果前提為真，則結論必然為真。這區別於溯因推理和歸納推理：它們的前提可以預測出高概率的結論，但是不確保結論為真。

「演繹推理」還可以定義為結論在普遍性上不大於前提的推理，或「結論在確定性上，同前提一樣」的推理。例如：

前提1：任何三角形只可能是銳角三角形、直角三角形和鈍角三角形。

前提2：這個三角形既不是銳角三角形，也不是鈍角三角形。

結論：所以，它是一個直角三角形。

例子：

1. 現在，有各種各樣的地震預測，但至今還沒有哪個國家能夠極其準確地預報地震。這說明：

A. 地震是神秘的，不可捉摸。

B. 地震變幻莫測，現有科技還無法精確預知其發生趨勢。

C. 設備過於落後

D. 人太傻

答案：B

解釋：地震的發生具有許多不確定以及不可預知的因素，大自然的變化雖然變幻莫測，但還是有規律可循的，只是現有科技還無法精確預知其發生趨勢，所以，選B項。

2. 田徑場上正在進行100米決賽。參加決賽的是A、B、C、D、E、F六個人。李同學、張同學、陳同學對誰會取得冠軍談了自己的看法：

(1) 張同學：冠軍不是A就是B

(2) 陳同學：冠軍決不是C

(3) 李同學：D、F都不可能取得冠軍

比賽結束後，人們發現三個人中只有一個人的看法是正確的。那麼，誰是100米決賽的冠軍？

A. A

B. B

C. C

D. E

答案：C

解釋：本題可假設李同學的説法是真，那張同學、陳同學的説法都正確，與題幹「只有一個看法正確」矛盾，所以李同學的説法錯誤，同時陳同學也不對，再由陳同學的説法可知冠軍就是C，故選C項。

3. **一個正方體的六個面，每個面的顏色各不相同，並且只能是紅、黃、綠、藍、黑、白這六種顏色。如果滿足：**

(1) 紅色的對面是黑色

(2) 藍色和白色相鄰

(3) 黃色和藍色相鄰

這三個條件，那麼下面結論錯誤的是：

A. 紅色與藍色相鄰
B. 藍色的對面是綠色
C. 黃色與白色相鄰
D. 黑色與綠色相鄰

答案：C

解釋：由條件（1）可得，其餘的四個顏色（黃、綠、藍、白）為兩組互為對面的顏色，又由（2）、（3）可得必定是白色與黃色為對面，藍色與綠色為對面。所以，選C項。

4. **詩歌可以被描述成將諸多的想法凝聚於少數語言的形式。但是，詩人通常不會接受這樣一個關於詩歌的定義。因此：**

A. 詩人通常拒絕對他的作品加以解釋

B. 詩是很難寫的

C. 世界可以被凝聚在詩歌中

D. 即使是最精練的描述，也不一定就是定義

答案：D

解釋：由於B、C兩項都無從得知，A項中錯誤在於不是拒絕對「作品加以解釋」，而是拒絕對詩歌這一文學形式加以定義。所以，選D項。

5. **從現象上看，「幽默」是對事物一般邏輯的某種扭曲，但必須是一種有意識的理性的倒錯，它離不開人的正常思維和健康心理，所以幽默是人類健康心理的一種反映。根據以上的陳述，可以推出下列哪一結論？**

A. 幽默的本質即是將毫不相干的事物聯繫起來，使之邏輯混亂而產生喜劇效果。

B. 幽默所包含的邏輯性，往往與正常邏輯有不同之處。

C. 幽默必須要有豐富的聯想力

D. 人的正常思維和健康心理，構成了幽默的充分條件。

答案：B

解釋：選項C與題意無關。根據題意「離不開人的正常思維和健康心理」可知，正常思維和健康心理只是幽默的必要條件，而非充分條件，所以選項D錯誤。選項A也與題意不符。根據「幽默是一種有意識的理性的倒錯」可知選項B為正確答案。

6. 西雙版納植物園種有兩種櫻草：一種自花授粉，另一種非自花授粉，即須依靠昆蟲授粉。近幾年來，授粉昆蟲的數量顯著減少。另外，一株非自花授粉的櫻草所結的種子比自花授粉的要少。顯然，非自花授粉櫻草的繁殖條件比自花授粉的要差。但是遊人在植物園多見的是非自花授粉櫻草而不是自花授粉櫻草。以下哪項判定最無助於解釋上述現象？

A. 非自花授粉櫻草是本地植物，而自花授粉櫻草是幾年前從國外引進的。

B. 前幾年，上述植物園非自花授粉櫻草和自花授粉櫻草數量比大約是5:1。

C. 當兩種櫻草雜生時，土壤中的養分更易被非自花授粉櫻草吸收，這往往又導致自花授粉櫻草的枯萎。

D. 在上述植物園中，為保護授粉昆蟲免受游客傷害，非自花授粉櫻草多植於園林深處。

答案：D

解釋：作為解釋型題目，在符合現實情況和基本邏輯的前提下進行適當的聯想是必要的。本題中，需要解釋的是「非自花授粉櫻草的繁殖條件比自花授粉的要差」的條件下，「遊人在植物園多見的是非自花授粉櫻草而不是自花授粉櫻草」。選項A說明適應性；選項B説明歷史的數量差異；選項C說明彼此的競爭性，只有D在實際解釋的效果上是相反的。故選D項。

7. 在20世紀60年代以前，斯塔旺格爾一直是挪威的一個安靜而平和的小鎮。從60年代早期以來，它已成為挪威近海石油勘探的中心；在此過程中，暴力犯罪和毀壞公物在斯塔旺格爾也急劇增加了。顯然，這些社會問題產生的根源就在於斯塔旺格爾因石油而導致的繁榮。下面哪一項，假如也發生在20世紀60年代至現在，則對上面的論證給予最強的支持？

A. 對他們的城市成為挪威近海石油勘探中心，斯塔旺格爾的居民並不怎麼感到遺憾。

B. 挪威社會學家十分關注暴力犯罪和毀壞公物在斯塔旺格爾的急劇增。

C. 在好些沒有因石油而繁榮的挪威城鎮，暴力犯罪和毀壞公物一直保持著低水平。

D. 非暴力犯罪、毒品、離婚，在斯塔旺格爾增加得與暴力犯罪和毀壞公物一樣多。

答案：C

解釋：A、B與題意無關，C項是説明另外的挪威城鎮沒有因石油而繁榮，所以暴力犯罪和毀壞公物沒有增加，可以推出如果某些挪威城鎮因石油而繁榮，那麼暴力犯罪和毀壞公物會增加，這與題幹意思一致，故選C項。

8. 某些種類的海豚利用回聲定位來發現獵物：牠們發射出滴答的聲音，然後接收水域中遠處物體反射的回音。海洋生物學家推測這些滴答聲可能有另一個作用：海豚用異常高頻的滴答聲使獵物的感官超負荷，從而擊暈近距離的獵物。以下哪項如果為真，最能對上述推測構成質疑？

A. 海豚用回聲定位不僅能發現遠距離的獵物，而且能發現中距離的獵物。

B. 作為一種發現獵物的訊號，海豚發出的滴答聲，是牠的獵物的感官不能感知的，只有海豚能夠感知，從而定位。

C. 海豚發出的高頻訊號即使能擊暈獵物，這種效果也是很短暫的。

D. 蝙蝠發出的聲波不僅能使它發現獵物，而且這種聲波能對獵物形成特殊刺激，從而有助於蝙蝠捕獲牠們。

答案：B

解釋：A項與推測無關，C、D項均證明了上述推測，只有B項説明這種滴答聲的訊號對獵物並沒有影響，也不可能擊暈獵物，是對上述論點的質疑。故正確答案為B。

9. **唯物辯證法告訴我們，要全面地看問題，不能以偏概全；要聯繫地看問題，防止孤立的觀點；要發展地看問題，不能靜止地看問題。因此，下列哪一項的理解不正確？**

A. 看問題要一分為二，既要看到好的一面，又要看到不好的一面。

B. 不僅要看到事物本身，而且要看到它與周圍事物的聯繫。

C. 人性都是一成不變的，對犯罪分子絕不能給他改過的機會。

D. 共產主義一定會取得勝利

答案：C

解釋：C項是「一成不變」地看問題，不是「發展地看問題」，因此不屬於唯物辯證法，而是形而上學的觀點。故正確答案為C。

10. 有以下關於商業罪案調查員和XYZ錢幣交易所的對話：

商業罪案調查員：XYZ錢幣交易所一直誤導它的客戶說，它的一些錢幣是很稀有的，實際上那些錢幣是比較常見而且很容易得到的。

XYZ錢幣交易所：這太可笑了，XYZ錢幣交易所是世界最大的幾個錢幣交易所之一，我們銷售錢幣是經過一家國際認證的公司鑒定的，並且有錢幣經銷的執照。

XYZ錢幣交易所的回答很沒有說服力，因為它……，以下哪項作為上文的後繼最為恰當？

A. 故意誇大了商業倫理調查員的論述，使其顯得不可信。
B. 指責商業倫理調查商有偏見，但不能提供足夠的證據來證實他的指責。
C. 沒能證實其他錢幣交易所也不能鑒定他們所賣的錢幣。
D. 列出了XYZ錢幣交易所的優勢，但沒有對商業倫理調查員的問題作回答。

答案：D

解釋：由題意知，交易所的回答之所以沒有說服力是因為答非所問，這恰恰暴露了XYZ錢幣交易所的問題，只講其優勢，故意回避商業倫理調查員的指責，應選D項。A項錯誤理解材料意思；B、C項的分析偏離材料。

文字推理題（Verbal Reasoning）

文字推理題（Verbal Reasoning）就是給出一段約200字的短文，然後讓考生根據文段的意思，判斷題幹信息正確與否，主要考察應聘者的英語閱讀能力和邏輯判斷能力。答案的選項有3個：

（1）Yes（或True），就是說題幹的信息根據原文來判斷是正確的；

（2）No（或False），就是說題幹的信息根據原文來判斷是錯誤的；

（3）Not Given（或Cannot Say），就是根據原文提供的信息無法判斷對錯。

答題技巧：

1. 解題步驟

a. 定位，找出題目在原文中的出處。

(i) 找出題目中的關鍵詞，最好先定位到原文中的一個段落。

(ii) 從頭到尾快速閱讀該段落，根據題目中的其它關鍵詞，在原文中找出與題目相關的一句或幾句話。

(iii) 仔細閱讀這一句話或幾句話，根據第二大步中的原則和規律，確定正確答案。

(iv) 要注意順序性，即題目的順序和原文的順序基本一致。

b. 判斷，根據下列原則和規律，確定正確答案。

2. True的特點

a. 題目是原文的同義表達。通常用同義詞或同義結構。例如：

原文：Frogs are losing the ecological battle for survival, and biologists are at a loss to explain their demise.（青蛙失去了生存下來的生態競爭能力，生物學家不能解釋它們的死亡。）

題目：Biologists are unable to explain why frogs are dying.（生物學家不能解釋為甚麼青蛙死亡）

解釋：題目中的are unable to與原文中的are at a loss to 是同義詞，題目中的why frogs are dying與原文中的their demise是同義詞，所以答案應為True。

b. 題目是根據原文中的幾句話做出推斷或歸納。不推斷不行，但有時有些同學會走入另一個極端，即自行推理或過度推理。例如：

原文：Compare our admission inclusive fare and see how much you save. Cheapest is not the best and value for money is guaranteed. If you compare our bargain Daybreak fares, beware: most of our competitors do not offer an all inclusive fare.（比較我們包含的費用會看到你省了很多錢。最便宜的不是最好的。如果你比較我們的價格，會發現絕大多數的競爭對手不提供一攬子費用。）

題目：Daybreak fares are more expensive than most of their competitors.（Daybreak的費用比絕大多數的競爭對手都昂貴。）

解釋：雖然文章沒有直接提到的費用比絕大多數的競爭對手都昂貴，但從原文幾句話中可以推斷出Daybreak和絕大多數的競爭對手相比，收費更高，但服務的項目要更全。與題目的意思一致，所以答案應為True。

3. False的特點

a. 題目與原文直接相反。通常用反義詞、not加同義詞及反義結構。no longer / not any more / not / by no means…對比used to do sth. / until recently /as was once the case。例如：

原文：A species becomes extinct when the last individual dies.（當最後一個個體死亡時，一個物種就滅亡了。）

題目：A species is said to be extinct when only one individual exists.（當只有一個個體存活時，一個物種就被說是滅亡了。）

解釋：可以看出題目與原文是反義結構。原文說一個物種死光光，才叫滅絕，而題目說還有一個個體存活，就叫滅絕，題目與原文直接相反，所以答案應為False。

b. 原文是多個條件並列，題目是其中一個條件（出現must或only）原文是兩個或多個情形（通常是兩種情形）都可以，常有both…and、and、or及also等詞。以及various / varied / variety / different / diversified / versatile等表示多樣性的詞彙。題目是「必須」或「只有」或是「單一」其中一個情況，常有must及only / sole / one / single等詞。例如：

原文：Booking in advance is strongly recommended as all Daybreak tours are subject to demand. Subject to availability, stand by tickets can be purchased from the driver.（提前預定是強烈建議的，因為所有的Daybreak旅行都是由需求決定的。如果還有票的話，可直接向司機購買。）

題目：Tickets must be bought in advance from an authorized Daybreak agent.（票必須提前從一個認證的代理處購買。）

解釋：原文是提前預定、直接向司機購買都可以，是多個條件的並列。題目是必須提前預定，是必須其中一個情況。所以答案應為False。

c. 原文強調是一種「理論（theory）」，「感覺（felt）」，「傾向性（trend / look at the possibilities of）」，「期望或是預測（it is predicted / expected / anticipated that）」等詞。而題目強調是一種「事實」，常有real / truth / fact / prove等詞。例如：

原文：But generally winter sports were felt to be too specialized.（但一般來説，冬季項目被感覺是很專門化的。）

題目：The Antwerp Games proved that winter sports were too specialized.（Antwerp運動會證明冬季項目是很專門化的。）

解釋：原文中有feel，強調是「感覺」。題目中有prove，強調是「事實」。所以答案應為False。

d. 原文和題目中使用了表示不同程度、範圍、頻率、可能性的詞。原文中常用typical、odds、many、sometimes及unlikely等詞。題目中常用special、impossible、all、usually、always及impossible等詞。例如：

原文：Frogs are sometimes poisonous.（青蛙有時是有毒的）

題目：Frogs are usually poisonous.（青蛙通常是有毒的）

解釋：原文中有sometimes，強調是「有時」。題目中有usually，強調是「通常」。所以答案應為False。

e. 情況原文中包含條件狀語，題目中去掉條件成份。原文中包含條件狀語，如if、unless、if not也可能是用介詞短語表示條件狀語如in、with、but for、exept for。題目中去掉了這些表示條件狀語的成份。這時，答案應為False。例如：

原文：The Internet has often been criticized by the media as a hazardous tool in the hands of young computer users.（Internet通常被媒體指責為是年輕的計算機用戶手中的危險工具。）

題目：The media has often criticized the Internet because it is dangerous.（媒體經常指責Internet ，因為它是危險的。）

解釋：原文中有表示條件狀語的介詞短語in the hands of young computer users，題目將其去掉了。所以答案應為 False。

4. Not Given的特點

a. 題目中的某些內容在原文中沒有提及。題目中的某些內容在原文中找不到依據。

b. 題目中涉及的範圍小於原文涉及的範圍，也就是更具體。原文涉及一個較大範圍的範籌，而題目是一個具體概念。也就是說，題目中涉及的範圍比原文要小。例如：

原文：Our computer club provides printer.（我們電腦學會提供

打印機）

題目：Our computer club provides color printer.（我們電腦學會提供彩色打印機）

解釋：題目中涉及的概念比原文中涉及的概念要小。換句話說，電腦學會提供打印機，但是究竟是彩色還是黑白的，不知道或有可能，文章中沒有給出進一步的信息。所以答案應為Not Given。

c. 原文是某人的目標、目的、想法、願望、保證、發誓等，題目是事實。原文中常用aim / goal / promise / swear / vow / pledge / oath / resolve等詞。題目中用實意動詞。例如：

原文：He vowed he would never come back.（他發誓他將永不回來）

題目：He never came back.（他沒再回來）

解釋：原文中說他發誓將永不回來，但實際怎麼樣，不知道。也可能他違背了自己的誓言。所以答案應為Not Given。

d. 原文中沒有比較級，題目中有比較級。例如：

原文：In Sydney, a vast array of ethnic and local restaurants can be found to suit all palates and pockets.（在悉尼，有各種各樣的餐館。）

題目：There is now a greater variety of restaurants to choose from in Sydney than in the past.（現在有更多種類的餐館可供選擇）

解釋：原文中提到了悉尼有各種各樣的餐館，但並沒有與過去相比，所以答案應為Not Given。

e. 原文中是虛擬 would / even if ，題目中卻是事實。（虛擬語氣看到當作沒有看到）

f. 原文中是具體的數據事例，而題目中卻把它擴大化，規律化。

True / False / Not Given 答題 5 大誤區

誤區1：不敢選True

很多考生在做True / False / Not Given題目時，看見題目與原文稍微有點不一樣，就傾向於選False。在能力傾向測試中經常出現同義詞或近義詞替換，如原文出現earnings，題目出現rewards；原文出現discount price，題目出現special offer。很明顯，它們的意思是一樣的，因此應該大膽地選True。其實，只要題目與文章對應出處的主題相同，考點詞方向一致，就能選True。例子：

原文：This product is not harmful to environment.

題目：This product is environmentally friendly.

答案：True

解釋：由於兩者的主題相同，都是product，原文not harmful to environment是正向的，而題目中的environmentally friendly也是正向的，所以答案選True。

記住如果判斷題選True，並不意味著題目與原文兩句話的文字完全一致。在公務員考試中，大多數答案為True的題目的文字，和原文的文字相距甚遠，但意思卻驚人地完全一致。相反，那些看上去與原文特別相近的題目應該引起懷疑，因為正確答案往往是原文的同義改寫。

誤區2：見到only或must等絕對詞就選False

其實，這種情況下答案為False的概率大概為65%，還有35%的可能是Not Given。因此，在考試時如果時間允許的條件下，還是應該老老實實地找出處，然後進行比較。

【例句】

原文：His aim was to bring together, once every four years, athletes from all countries on the friendly fields of amateur sport.

題目：Only amateur athletes are allowed to compete in the modern Olympics.

【答案及解析】

答案：Not Given

解釋：原文的意思是「把各國的運動員聚集到友好的業餘運動的賽場上」，可是這並不意味著「只有業餘運動員被允許在現代奧運會中競爭」。原文中並沒說是不是「Only amateur athletes」，有可能是也有可能不是，理由不充分，因此選Not Given。這說明並不是所有帶「only」的題目都選False的。

這裡，給「見到only就選False」這個結論加一個條件，那就是，如果在文章中出現並列關係，在題目中卻出現了only結構，那麼答案選False。

【例句】

原文：Since the Winter Games began, 55 out of 56 gold medals in the men's Nordic Skiing events have been won by competitors from Scandinavia or former Soviet Union.

題目：Only Scandinavia have won gold medals in the men's Winter Olympic Nordic Skiing events.

【答案及解析】

答案：False

解釋：原文講的是北歐和前蘇聯的選手選手獲得了金牌，可是題目中卻說只有北歐人獲得了金牌，缺少了前蘇聯選手，而且將北歐選手絕對化了，所以答案選False。

誤區3：找不到就選Not Given

這是最常見的誤區之一，有學生在考試時由於過度緊張，在沒有仔細查找細節的情況下，動輒就選Not Given。

筆者曾遇到過這樣的學生，7個True / False / Not Given題居然寫了5個Not Given。根據過去的經驗，Not Given並不佔答案的多數。以下是Not Given在不同情況下可能出現的數量，供大家參考。

（註：以下的N為一篇文章考的判斷題題量，而n則為答案選Not Given的數量。）

（1）當N=3時，n=1。

（2）當4≦N≦7時，n=1或2。

（3）當N=8或9時，n=2或3。

注意：85%的True / False / Not Given題屬於第（2）種情形，即考4至7道題。

誤區4：喜歡把 True / False / Not Given 理解為「對 / 錯 / 沒給」

在不少考生的判斷題中，只有True和False兩個選項，人們已經習慣了在做判斷題時「非黑即白」的思維模式。而在有關方面設計試題當中，判斷題除了True和False外，還有一個選項叫Not Given。正因為多了這個選項，導致很多考生在做判斷題時無所適從。這裡筆者要給True / False / Not Given正名。

True：指題目與原文在判斷的方向上一致

False：指題目與原文在判斷的方向上矛盾對立

Not Given：指題目與原文在判斷的方向上不相干，既不一致也不矛盾。

【例句】

原文：Local residents are rich.

題目一：Local residents are wealthy.（答案選True）

題目二：Local residents are poor.（答案選False）

題目三：Local residents are healthy.（答案選Not Given）

其中，題目三很多考生會誤選False，因為他們認為文章提到了Local residents，也就是所謂的「給了」。這是典型地把Not Given理解成「沒給」的結果。這裡我們對題目三的理解是，文章中只是說「當地居民有錢」，而至於「當地居民是否健康」文章中沒有明確指出，可能健康也有可能不健康，所以選Not Given。

此外，也有考生會想當然地認為，有錢就肯定健康啦，結果誤選了True，　這是不少考生在做閱讀題時喜歡鑽牛角尖一廂情願的表現。有時候，很多True / False / Not Given題越琢磨越推敲，就越像Not Given，因為題目和原文是不會一模一樣的。

誤區5：總是想直接判斷Not Given

其實，直接判斷Not Given的難度很大，需要對原文進行「地毯式」搜索才行。這就導致佔用太多時間，費力而又不討好。與其這樣，倒不如在那些答案可能為Not Given的題目上先做個標記，等整個題型做完以後，回頭再看看其True / False / Not Given三個答案的分布情況，作出選擇判斷。

這種解題思路能夠很好地避免因個別題目太難而耽誤時間過多。據筆者的不完全統計，True大概佔42%，False佔38%，Not Given佔20%。三者的比例大概為2：2：1，其中True的可能性比False略大些。這個結論有助於考生在做完題目以後進行檢查，保證答案分布「合理」。

數提充份題（Data Sufficiency）

數提充份題（Data　Sufficiency）的出題方式和解題思路並非單純計算，還包含著一定的邏輯推理要素。以下是一些應對數提充份題題的解題技巧，幫助大家做好這類題目：

1. 背出答案選項

做過數提充份題題的考生都知道，數提充份題題的答案選項永遠都是固定順序的5個，分別是：

a. 條件1單獨充分，條件2單獨不充分。

b. 條件2單獨充分，條件1單獨不充分。

c. 條件1和條件2一起充分，單獨都不充分。

d. 條件1和條件2分別單獨充分。

e. 條件1和條件2一起都不充分。

由於答案固定，所以考生完全可以把五個選項都背出來，而不需要在考試時再浪費時間去看一遍，這樣無形中會節省出更多的答題時間。

2. 排除法

對於數提充份題的問題解答題（Problem Solving）來説，即使能夠在5個答案中排除一個，考生仍然需要在剩下的4個選項中進行選擇，排除法本身的意義其實並不算太大。而數提充份題題則完全不同，排除一個答案往往意味著同時排除了數個關聯答案，能夠大大減少可選選項，提高選擇的命中率。具體來説：

情況1：條件1單獨充分，條件2未知。可排除B、C和E，而可能選項只剩A和D。

情況2：條件1單獨不充分，條件2未知。可排除A和D，而可能選項只剩B、C和E。

情況3：條件1未知，條件2單獨充分。可排除A、C和E，而可能選項只剩B和D。

情況4：條件1未知，條件2單獨不充分。可排除B和D，而可能選項只剩A、C和E。

以上四個情況，無論哪種都意味著大量排除選項，瞬間縮小選擇範圍。因此，排除法在解答數據充分題時，是十分高效實用的解題技巧。

3. 不做多餘計算

數據充分題於其他數學題目最大的不同之處就在於其不求甚解的特點。數提充份題題從不會要求考生做十分具體的計算，而常常需要一個判斷的結果或者大致範圍的了解，目的是在於確認條件單獨或組合是否成立。因此，考生在解題時一般都不需要做太多具體的計算工作，而只需要根據給出條件稍加判斷即可得出結論。如果你發現自己算了一大堆數據，那麼你的解題思路可能已經出現了問題。

4. 兩個條件單獨考慮

考生在做數提充份題題時很容易犯的一個慣性錯誤就是直接把兩個條件放到一起考慮，或者在使用一個條件時無意識的同時代入另一個條件。因此，考生在面對此類題目時，一定要學會並習慣分開考慮條件的解題思路，把做題方式糾正過來，如果大家在做數提充份題時也出現這種問題，那麼請務必通過平時練習養成正確的解題習慣。

例題：

1. How many ewes (female sheep) in a flock of 50 sheep are black?

   Statement 1: There are 10 rams (male sheep) in the flock.

   Statement 2: Forty percent of the animals are black.

   A. Statement 1 alone is sufficient, but statement 2 alone is not sufficient to answer the question.
   B. Statement 2 alone is sufficient, but statement 1 alone is not sufficient to answer the question.
   C. Both statements taken together are sufficient to answer the question, but neither statement alone is sufficient.
   D. Each statement alone is sufficient.
   E. Statements 1 and 2 together are not sufficient, and additional data is needed to answer the question.

   答案：E

   解釋：From statement 1 we know the ratio of male to female sheep, but nothing about the color distribution. So the answer cannot be A or D. From statement 2 we know that forty percent of the animals are black but nothing about whether they are male of female. So the answer cannot be B. Even putting the information together does not help because there is no way to tell what fraction of the female sheep are black. And so C cannot be correct, and the answer is E.

2. Is the length of a side of equilateral triangle E less than the length of a side of square F?

   Statement 1: The perimeter of E and the perimeter of F are equal.

   Statement 2: The ratio of the height of triangle E to the diagonal of square F is $2\sqrt{3} : 3\sqrt{2}$.

   A. Statement 1 alone is sufficient, but statement 2 alone is not sufficient to answer the question.
   B. Statement 2 alone is sufficient, but statement 1 alone is not sufficient to answer the question.
   C. Both statements taken together are sufficient to answer the question, but neither statement alone is sufficient.
   D. Each statement alone is sufficient.
   E. Statements 1 and 2 together are not sufficient, and additional data is needed to answer the question.

   答案：D

   解釋：From statement 1 we can tell that a side of E is longer than a side of F, since 3 x side E = 4 x side F. Hence statement 1 is sufficient to answer the question and the answer must be either A or D. From statement 2 we could work out the ratio of the lengths of the sides (there is no need to do this, but since we are dealing with regular plane figures the geometry is quite simple), and although we cannot get the actual lengths, we can see from the ratio whether one is bigger than the other. So the answer is D.

3. If a and b are both positive, what percent of b is a?

Statement 1: a = 3/11

Statement 2: b/a = 20

A. Statement 1 alone is sufficient, but statement 2 alone is not sufficient to answer the question.
B. Statement 2 alone is sufficient, but statement 1 alone is not sufficient to answer the question.
C. Both statements taken together are sufficient to answer the question, but neither statement alone is sufficient.
D. Each statement alone is sufficient.
E. Statements 1 and 2 together are not sufficient, and additional data is needed to answer the question.

答案：B

解釋：Statement 1 tells us nothing about b and so the answer cannot be A or D. To find what percent a is of b we need to solve the expression (a/b) x 100. Statement 2 allows us to do just that: (a/b) = 1/20. No need to go any further; the answer is B.

4. A wheel of radius 2 meters is turning at a constant speed. How many revolutions does it make in time T?

   Statement 1: T = 20 minutes.

   Statement 2: The speed at which a point on the circumference of the wheel is moving is 3 meters per minute.

   A. Statement 1 alone is sufficient, but statement 2 alone is not sufficient to answer the question.
   B. Statement 2 alone is sufficient, but statement 1 alone is not sufficient to answer the question.
   C. Both statements taken together are sufficient to answer the question, but neither statement alone is sufficient.
   D. Each statement alone is sufficient.
   E. Statements 1 and 2 together are not sufficient, and additional data is needed to answer the question.

   答案：C

   解釋：To find the number of revolutions we need to know the rate of turning and the time duration. Statement 1 gives us only the time, and so the answer cannot be A or D. Statement 2 tells us the rate at which a point on the circumference is moving, which, since we know the dimensions of the wheel, is sufficient to determine the number of rotations per minute. But since we do not know the time, B cannot be correct. But putting statement 1 and 2 together we have all we need, so the answer is C.

5. Are the integers x, y and z consecutive?

   Statement 1: The arithmetic mean (average) of x, y and z is y.

   Statement 2: y-x = z-y.

   A. Statement 1 alone is sufficient, but statement 2 alone is not sufficient to answer the question.
   B. Statement 2 alone is sufficient, but statement 1 alone is not sufficient to answer the question.
   C. Both statements taken together are sufficient to answer the question, but neither statement alone is sufficient.
   D. Each statement alone is sufficient.
   E. Statements 1 and 2 together are not sufficient, and additional data is needed to answer the question.

   答案：E

   解釋：The mean of three numbers will equal the middle number for any set of evenly spaced numbers (1, 2, 3 or 2, 4, 6, or -1, -4, -7 for example) and so we cannot assume that x, y and z are consecutive. Hence the answer cannot be A or D. If x, y and z were 2, 4, and 6, for example, the equation in statement 2 would be valid, so once again the numbers do not have to be consecutive, and the answer cannot be B. From the numbers we have just substituted, we should be able to see that putting Statement 1 and 2 together will still not give a situation in which the numbers are always consecutive or always not consecutive, and so the best answer is E.

6. Is $x > 0$?

Statement 1: $-2x < 0$

Statement 2: $x^3 > 0$

A. Statement 1 alone is sufficient, but statement 2 alone is not sufficient to answer the question.
B. Statement 2 alone is sufficient, but statement 1 alone is not sufficient to answer the question.
C. Both statements taken together are sufficient to answer the question, but neither statement alone is sufficient.
D. Each statement alone is sufficient.
E. Statements 1 and 2 together are not sufficient, and additional data is needed to answer the question.

答案：D

解釋：The statement that x is greater than zero means that x is positive. If we multiply a positive number by a negative number the product is negative: this is what we get from statement 1, which thus tells us that x is positive. The answer must be A or D. The cube of a positive number is positive; the cube of a negative number is negative, and so statement 2 tells us that x is positive. And so the answer is D.

7. A certain straight corridor has four doors, A, B, C and D (in that order) leading off from the same side. How far apart are doors B and C?

   Statement 1: The distance between doors B and D is 10 meters.

   Statement 2: The distance between A and C is 12 meters.

   A. Statement 1 alone is sufficient, but statement 2 alone is not sufficient to answer the question.
   B. Statement 2 alone is sufficient, but statement 1 alone is not sufficient to answer the question.
   C. Both statements taken together are sufficient to answer the question, but neither statement alone is sufficient.
   D. Each statement alone is sufficient.
   E. Statements 1 and 2 together are not sufficient, and additional data is needed to answer the question.

答案：E

解釋：It is obvious that neither statement 1 or 2 alone can tell you how far apart B and C are, and so the answer must be C or E. To see whether putting both pieces of information together will be adequate, visualize two rods: BD of length 10 units, and AC of length 12 units. Mentally place the rods alongside each other so that C lies between B and D. Now you can mentally slide the rods past each other to see that C can lie anywhere between B and D, and so we cannot fix one value for the length BC, and the answer is E.

8. Given that x and y are real numbers, what is the value of x + y ?

   Statement 1: $(x^2 - y^2) / (x-y) = 7$

   Statement 2: $(x + y)^2 = 49$

   A. Statement 1 alone is sufficient, but statement 2 alone is not sufficient to answer the question.
   B. Statement 2 alone is sufficient, but statement 1 alone is not sufficient to answer the question.
   C. Both statements taken together are sufficient to answer the question, but neither statement alone is sufficient.
   D. Each statement alone is sufficient.
   E. Statements 1 and 2 together are not sufficient, and additional data is needed to answer the question.

   答案：A

   解釋：The expression $x^2 - y^2$ has factors $(x + y)(x - y)$, and so we can simplify (cancel down) the expression in Statement 1 to get $x + y = 7$. The answer must be A or D. Now consider statement 2 alone: there are two possible values for x + y. (Either 7 or -7). Since there is not one discrete value for statement 2, the answer must be A.

9. Two socks are to be picked at random from a drawer containing only black and white socks. What is the probability that both are white?

   Statement 1: The probability of the first sock being black is 1/3.

   Statement 2: There are 24 white socks in the drawer.

   A. Statement 1 alone is sufficient, but statement 2 alone is not sufficient to answer the question.

   B. Statement 2 alone is sufficient, but statement 1 alone is not sufficient to answer the question.

   C. Both statements taken together are sufficient to answer the question, but neither statement alone is sufficient.

   D. Each statement alone is sufficient.

   E. Statements 1 and 2 together are not sufficient, and additional data is needed to answer the question.

   答案：C

   解釋：From statement 1 we know the ratio of black socks to white, but that ratio will change when one sock is taken out. To get the new ratio, and hence the probability that the next sock will also be white, we need to know the number of socks of each type. The answer cannot be A or D. Obviously statement 2 on its own does not get the ratio and so B cannot be correct. But putting the information in both statements together we can solve the problem (24 white socks with a ratio of black to total of 1:3 means that there are 12 black and 24 white socks). The answer is C.

10. A bucket was placed under a dripping tap which was dripping at a uniform rate. At what time was the bucket full?

Statement 1: The bucket was put in place at 2pm.

Statement 2: The bucket was half full at 6pm and three-quarters full at 8pm on the same day.

A. Statement 1 alone is sufficient, but statement 2 alone is not sufficient to answer the question.
B. Statement 2 alone is sufficient, but statement 1 alone is not sufficient to answer the question.
C. Both statements taken together are sufficient to answer the question, but neither statement alone is sufficient.
D. Each statement alone is sufficient.
E. Statements 1 and 2 together are not sufficient, and additional data is needed to answer the question.

答案：B

解釋：Since we need rate of dripping, statement 1 is not enough and the answer cannot be A or D. Ignoring statement 1 and looking at statement 2 we can easily solve the problem because one quarter of the bucket got filled in 2 hours and the filling will get over at 10pm. The answer is B.

數字能力測試題（Numerical Reasoning）

數字能力測試題（Numerical Reasoning）雖然難度較大，但並非無規律可循，了解和掌握一定的方法和技巧，對解答數字推理問題大有幫助。

1.快速掃描已給出的幾個數字，仔細觀察和分析各數之間的關係，尤其是前三個數之間的關係，大膽提出假設，並迅速將這種假設延伸到下面的數，如果能得到驗證，即説明找出規律，問題即迎刃而解；如果假設被否定，立即改變思考角度，提出另外一種假設，直到找出規律為止。

2.推導規律時，往往需要簡單計算，為節省時間，要盡量多用心算，少用筆算或不用筆算。

3.空缺項在最後的，從前往後推導規律；空缺項在最前面的，則從後往前尋找規律；空缺項在中間的可以兩邊同時推導。

4.若自己一時難以找出規律，可用常見的規律來「對號入座」，加以驗證。常見的排列規律有：

a.奇偶數規律：各個數都是奇數（單數）或偶數（雙數）；

b.等差：相鄰數之間的差值相等，整個數字序列依次遞增或遞減。

c.等比：相鄰數之間的比值相等，整個數字序列依次遞增或遞減；

例如：2, 4, 8, 16, 32, 64, ()

這是一個「公比」為2（即相鄰數之間的比值為2）的等比數列，空缺項應為128。

d. 二級等差：相鄰數之間的差或比構成了一個等差數列；

例如：4, 2, 2, 3, 6, 15

相鄰數之間的比是一個等差數列，依次為：0.5、1、1.5、2、2.5。

e. 二級等比數列：相鄰數之間的差或比構成一個等比數理；

例如：0, 1, 3, 7, 15, 31, ()

相鄰數之間的差是一個等比數列，依次為1、2、4、8、16，空缺項應為63。

f. 加法規律：前兩個數之和等於第三個數；

g. 減法規律：前兩個數之差等於第三個數；

例如：5, 3, 2, 1, 1, 0, 1, ()

相鄰數之差等於第三個數，空缺項應為-1。

h. 乘法（除法）規律：前兩個數之乘積（或相除）等於第三個數；

i. 完全平方數：數列中蘊含著一個完全平方數序列，或明顯、或隱含；

例如：2, 3, 10, 15, 26, 35, ()

1*1+1=2, 2*2-1=3，3*3+1=10，4*4-1=15……空缺項應為50。

j. 混合型規律：由以上基本規律組合而成，可以是二級、三級的基本規律，也可能是兩個規律的數列交叉組合成一個數列。

例如：1, 2, 6, 15, 31, ()

相鄰數之間的差是完全平方序列，依次為1、4、9、16，空缺項應為31+25=56。

例題：

(1) 2, 5, 8, ()

A. 10

B. 11

C. 12

D. 13

答案：B

解析：從上題的前3個數字可以看出，後面的數字與前面數字之間的差等於一個常數。題中第二個數字為5，第一個數字為2，兩者的差為 3，由觀察得知第三個、第二個數字也滿足此規律，那麼在此基礎上對未知的一項進行推理，即8+3=11，第四項應該是11，即答案為B。

(2) 3, 4, 6, 9, (), 18

A. 11

B. 12

C. 13

D. 14

答案：C

解析：這道題表面看起來沒有甚麼規律，但稍加改變處理，就成為一道非常容易的題目。順次將數列的後項與前項相減，得到的差構成等差數列1、2、3、4、5、……。顯然，括號內的數字應填13。在這種題中，雖然相鄰兩項之差不是一個常數，但這些數字之間有著很明顯的規律性，可以把它們稱為等差數列的變式。

(3) 3, 9, 27, 81, ()

A. 243
B. 342
C. 433
D. 135

答案：A

解析：本題的特點為相鄰兩個數字之間的商是一個常數。該題中後項與前項相除得數均為3，故括號內的數字應填243。

(4) 8, 8, 12, 24, 60, ()

A. 90
B. 120
C. 180
D. 240

答案：C

解析：題目中相鄰兩個數字之間後一項除以前一項得到的商並不是一個常數，但它們是按照一定規律排列的；1、1.5、2、2.5，3，因此括號內的數字應為60×3=180。

(5) 8, 14, 26, 50, ()

A. 76

B. 98

C. 100

D. 104

答案：B

解析：答案為B。前後兩項不是直接的比例關係，而是中間繞了一個彎，前一項的2倍減2之後得到後一項。故括號內的數字應為50×2-2=98。

(6) 5, 4, 10, 8, 15, 16, (), ()

A. 20, 18

B 18, 32

C. 20, 32

D. 18, 32

答案：C

解析：奇數項是以5為首項、等差為5的等差數列，偶數項是以4為首項、等比為2的等比數列。這樣一來答案就可以容易得知是C。這種題型的靈活度高，可以隨意地拆加或重新組合，可以說是在等比和等差數列當中的最有難度的一種題型。

(7) 34, 35, 69, 104, ()

A. 138

B. 139

C. 173

D. 179

答案：C

解析：觀察數字的前三項，發現有這樣一個規律：第一項與第二項相加等於第三項，34+35=69，這種假想的規律迅速在下一個數字中進行檢驗，35+69=104，得到了驗證，說明假設的規律正確，以此規律得到該題的正確答案為173。在數字推理測驗中，前兩項或幾項的和等於後一項是數字排列的又一重要規律。

(8) 1, 8, 27, ()

A. 36

B. 64

C. 72

D. 81

答案：B

解析：各項分別是1、2、3、4的立方，故括號內應填的數字是64。

(9) 0, 6, 24, 60, 120, ()

A. 186

B. 210

C. 220

D. 226

答案：B

解析：如果你能想到它是立方型的變式，問題也就解決了一半，至少找到了解決問題的突破口，這道題的規律是：第一個數是1的立方減1，第二個數是2的立方減2，第三個數是3的立方減3，第四個數是4的立方減4，依此類推，空格處應為6的立方減6，即210。

(10) 257, 178, 259, 173, 261, 168, 263, ()

A. 275

B. 279

C. 164

D. 163

答案：D

解析：通過考察數字排列的特徵，我們會發現：第一個數較大，第二個數較小，第三個數較大，第四個數較小，……。也就是説，奇數項的都是大數，而偶數項的都是小數。可以判斷，這是兩項數列交替排列在一起而形成的一種排列方式。在這類題目中，規律不能在鄰項之間尋找，而必須在隔項中尋找。我們可以看到，奇數項是257、259、261、263，是一種等差數列的排列方式。而偶數項是178、173、168、（），也是一個等差數列，所以括號中的數應為168-5=163。

掌握正確的答題技巧

能力傾向測試的題目大都為考生所熟悉，所用到的知識也不會超出中學範圍。但由於題量大、時間緊，再加上很多題目只有在找到一種簡潔方法後才能在短時間內算出。然而，很多考生恰恰是在尋找簡便方法上浪費了大量的時間，結果導致無法按時完成所有試題，最終與投身公務員行列無緣。公務員能力測試考查的就是考生答題方法和速度及應變能力，通過答題方法和速度來反應考生各方面的能力，應試者要想拿到高分，必須掌握正確的答題技巧：

1. 選擇最重要

在公務員考試中方法和速度都是十分重要的。但是速度的提高是以方法的優化為前提的。可以説，沒有好的方法就沒有快的速度。方法是第一位的，是最為關鍵的。

2. 學會放棄

好方法固然能提高答題速度，但並不是每個題目的簡便方法都是一眼即可識破的。有些題目用常規方法做可能要花費很長時間，而尋找簡便方法可能會花費更多的時間。因此，為了保證整體的做題速度，就一定要學會放棄。尤其是在遇到一個新題型時，如果一分鐘之內仍找不到簡便方法的話，就一定要果斷地放棄。

3. 審清題意，切忌盲目答題

公務員考試中答題時一定要先審清題意，弄清題目的要求。公務員考試的題量大、時間緊，對大部分考生來說，能按時完成所有題目已經是相當不錯了。因此，如果審錯了題意，再重新答題的話，即使做對了題目也與做錯或沒做沒有太大的區別，因為它擠佔了解答後面題目的時間。所以，做題前一定要看清題目，審清題意，減少答題的盲目性，避免因改正錯誤而浪費時間。

4. 重視直覺思維

在公務員考試過程中，往往還會遇到這種情況：針對一問題，想到了好幾種可能情況，或者覺得幾種答案都對又只能選一種時，應試者往往會陷入沉思，猶豫不決，最後瞎猜一個答案。既浪費時間，又不能保證準確率。在這種情形下，建議用「最先想到」的方案，也就是說，要重視直覺思維的結果。直覺思維是以過去的體驗和知識水平為基礎產生的，因此有一定的正確性，它比隨意瞎猜要更有效一些。

5. 克服緊張心理

生活中常有這樣的情形：一些很熟悉的事情，就是一時想不起來，有一種話到嘴邊卻說不出來的感覺。這是由於情緒緊張造成的。要想避免這種情況的出現，就是在心理上一定要放鬆，暫時把它暫時放在一邊，先做其他的題目，過一會兒再回過頭來思考這一問題，也許就會恍然大悟。

Mock Paper 1

演繹推理

請根據以下短文的內容，選出一個或一組推論。請假定短文的內容都是正確的。

1. 甲、乙、丙和丁是同班同學。甲說：「我班同學都是團員。」乙說：「丁不是團員。」丙說：「我班有人不是團員。」丁說：「乙也不是團員。」已知只有一個人說假話，則可推出以下判定肯定是真的一項為：

   A. 說假話的是甲，乙不是團員。
   B. 說假話的是丁，乙不是團員。
   C. 說假話的是乙，丙不是團員。
   D. 說假話的是甲，丙不是團員。

2. 在計算機語言中有一種邏輯運算，如果兩個數同一位上都是0時，其和為0，一個為0，一個為1時或兩個都是1時，其和為1。那麼：

   A. 如果和為1，則兩數必然都是1。
   B. 如果和為0，則兩數必然都為0。
   C. 如果和為0，則兩數中可能有一個為1。
   D. 如果和為1，則兩數中至少有一個為0。

3. 警察問在交通工具上的一宗盜竊案的嫌疑人甲、乙、丙、丁的口供筆錄如下：

甲說：「反正不是我幹的。」

乙說：「是丁幹的。」

丙說：「是乙幹的。」

丁說：「乙是誣陷。」

他們當中只有三人說真話，扒手只有一個，是：

A. 甲
B. 乙
C. 丙
D. 丁

4. 彼德並非既懂英文又懂法語。如果上述斷定為真，那麼下列哪項斷定必定為真？

A. 彼德懂英文但不懂法語
B. 彼德懂法語但不懂英文
C. 彼德既不懂英文又不懂法語
D. 如果彼德懂英文，彼德一定不懂法語

5. 鍾先生在度過一個月的戒煙生活後，又開始抽煙。奇怪的是，這得到了鍾夫人的支持。鍾夫人說：「我們處長辦公室有兩位處長，年齡差不多，看起來身體狀況也差不多，只是一位煙癮很重，一位絕對不吸，可最近身體檢查卻查出來這位絕對不吸煙的處長得了肺癌，不吸煙未必就好。」

   以下各項如果為真，除哪項外均能反駁鍾夫人的這個推論？

   A. 癌症和其他一些疑難病症的起因是許多醫學科研工作者研究的課題，目前還沒有一個確定的結論。
   B. 來自世界婦女會議的報告表明，婦女由於經常在廚房勞作，因為油煙的原因，患肺癌的比例相對較高。
   C. 癌症的病因大多跟患者的性格和心情有關，許多並不吸煙的人因為長期心情抑郁也容易患癌症。
   D. 根據統計資料，肺癌患者中有長期吸煙史的比例高達75%，而在成人中有長期吸煙史的只佔30%弱。

6. 日本藝術表演家金語樓曾獲多項專利。有一種在打火機上裝一個小抽屜代替煙灰缸的創意，在某次創意比賽中獲得了大獎，備受推崇。比賽結束後，東京的一家打火機製造廠商將此創意進一步開發成產品推向市場，結果銷路並不理想。

   以下哪項如果為真，能最好地解釋上面的矛盾？

   A. 某家煙灰缸製造廠商在同期推出了一種新型的煙灰缸，可吸引很多消費者。
   B. 這種新型打火機的價格比普通打火機貴20日元，有的消費者覺得並不值得。
   C. 許多抽煙的人覺得隨地彈煙灰既不雅觀，也不衛生，還容易燙壞衣服。
   D. 參加創意比賽後，很多廠家都選擇了這項創意來開發生產，幾乎同時推向市場。

7. 奧運會女子5,000米賽跑比賽，美國、英國、法國各派了三名運動員參加。比賽前，四名體育愛好者在一起預測比賽結果：

   甲說：「美國隊訓練就是有一套，這次的前三名非他們莫屬。」

   乙說：「今年與去年可不同了，金銀銅牌美國隊頂多拿一塊。」

   丙說：「據我估計，英國隊或者法國隊會拿牌的。」

   丁說：「第一名如果不是美國隊，就該是英國隊了。」

   比賽結束後，發現四個人只有一人言中。以下哪項最可能是該項比賽的結果？

   A. 第一名美國隊，第二名美國隊，第三名美國隊。
   B. 第一名美國隊，第二名法國隊，第三名英國隊。
   C. 第一名英國隊，第二名美國隊，第三名法國隊。
   D. 第一名法國隊，第二名美國隊，第三名美國隊。

8. 在一次機關作風檢查中，當場發現有四人上班期間在辦公室打牌。單獨進行身份詢問時，戴眼鏡的說：「我們都不是該單位的。」年輕的說：「至少有一人是該單位的。」黑臉的說：「我甚麼都不知道。」穿外套的說：「至少有一人不是該單位的。」經核實，四人中只有一人講了真話。

   由此可見：

   A. 戴眼鏡和穿外套的不是該單位的。
   B. 黑臉的是該單位的，但年輕的不是該單位的。
   C. 年輕的不是該單位的，而戴眼鏡的是該單位的。
   D. 年輕的和穿外套的都是該單位的。

II. Verbal Reasoning

In this test, each passage is followed by three statements (the questions). You have to assume what is stated in the passage is true and decide whether the statements are either:

A. True: The statement is already made or implied in the passage, or follows logically from the passage.

B. False: The statement contradicts what is said, implied by, or follows logically from the passage.

C. Not Given: There is insufficient information in the passage to establish whether the statement is true or false.

Passage 1

Abstract expressionism is an American painting movement that emerged in the mid-1940s, following the immigration of European avant garde painters to New York in the late 1930s and early 1940s. Sometimes called action painting, abstract expressionism was influenced by European art movements such as surrealism and cubism, and rejected the aesthetics of social realism.

Abstract expressionism was not distinguished by a cohesive style and the painters associated with the movement rejected the idea that they were a "school" of art. Indeed the work of gesture painters most notably Jackson Pollock's elegant splattered canvasses, seems to have few similarities with Mark Rothko's large colour field paintings or Willem de Kooning's violent figurative paintings. Despite this variety of styles and techniques, there were some unifying characteristics to abstract expressionism. The work was mostly, but not exclusively, non-representational, and typically featured strong colours and large canvases. Abstract expressionism celebrated the very act of painting, freedom of expression and aspired to covey pure emotion visually.

Abstract expressionism was the first American visual art to be internationally acclaimed. The movement heralded a shift of artic influence from Europe to America. It influenced later art movements such as minimalism and neo-expressionism. Pop art, which flourished in the 1950s, can be seen as a reaction against abstract expressionism.

9. Abstract expressionism was a loose community of American artists painting in the mid 1940s.

10. Painters such as Willem de Kooning and Jackson Pollock, with very different styles refuted the notion that they belonged to the same artistic movement.

11. As its name suggests, abstract expressionist art is non-representative

Passage 2

Local residents have submitted a formal objection to plans by BAA, the company that owns six of the UK's airports, to build another runway at Heathrow. While economic and political pressure mounts to increase international transport links, there have been increasing levels of opposition from local residents. While most people would welcome infrastructure that would boost the UK economy, the phenomenon of NIMBYism presents a major barrier to this. NIMBYism or 'Not in my back yardism' is where local residents do not want change in their local area for fear of it affecting both their quality of life and the value of their homes.

While there is no simple solution to this, internationally the solution has often been to buy out locals and proceed with development plans. Not only is this solution often expensive, it raises serious ethical questions as locals are often almost forced to sell at below market rates.

12. Outside the UK, local homeowners have been forced to sell their homes to make way for development.

13. Objections to the expansion of Heathrow have been disparate and have lacked organisation.

14. Heathrow expansion has been objected to on grounds of NIMBYism.

III. Data Sufficient Test

In this test, you are required to choose a combination of clues to solve a problem:

15. Manoj, Prabhakar, Akash and Kamal are four friends. Who among them is the heaviest?

    Statement 1: Prabhakar is heavier than Manoj and Kamal but lighter than Akash.

    Statement 2: Manoj is lighter than Prabhakar and Akash but heavier than Kamal.

    A. Statement 1 alone is sufficient, but statement 2 alone is not sufficient to answer the question.
    B. Statement 2 alone is sufficient, but statement 1 alone is not sufficient to answer the question.
    C. Both statements taken together are sufficient to answer the question, but neither statement alone is sufficient.
    D. Each statement alone is sufficient.
    E. Statements 1 and 2 together are not sufficient, and additional data is needed to answer the question.

16. Vinod's and Javed's salaries are in the proportion of 4 : 3 respectively. What is Vinod's salary?

    Statement 1: Javed's salary is 75% that of Vinod's salary.

    Statement 2: Javed's salary is Rs 4500.

    A. Statement 1 alone is sufficient, but statement 2 alone is not sufficient to answer the question.
    B. Statement 2 alone is sufficient, but statement 1 alone is not sufficient to answer the question.
    C. Both statements taken together are sufficient to answer the question, but neither statement alone is sufficient.
    D. Each statement alone is sufficient.
    E. Statements 1 and 2 together are not sufficient, and additional data is needed to answer the question.

17. Among A, B, C, D, E and F, who is the heaviest?

    Statement 1: A and D are heavier than B, E and F but none of them is the heaviest.

    Statement 2: A is heavier than D but lighter than C.

    A. Statement 1 alone is sufficient, but statement 2 alone is not sufficient to answer the question.
    B. Statement 2 alone is sufficient, but statement 1 alone is not sufficient to answer the question.
    C. Both statements taken together are sufficient to answer the question, but neither statement alone is sufficient.
    D. Each statement alone is sufficient.
    E. Statements 1 and 2 together are not sufficient, and additional data is needed to answer the question.

18. How is 'No' coded in the code language?

    Statement 1: 'Ne Pa Sic Lo' means 'But No None And' and 'Pa Lo Le Ne' means 'If None And But'.

    Statement 2: 'Le Se Ne Sic' means 'If No None Will' and 'Le Pi Se Be' means 'Not None If All'.

    A. Statement 1 alone is sufficient, but statement 2 alone is not sufficient to answer the question.
    B. Statement 2 alone is sufficient, but statement 1 alone is not sufficient to answer the question.
    C. Both statements taken together are sufficient to answer the question, but neither statement alone is sufficient.
    D. Each statement alone is sufficient.
    E. Statements 1 and 2 together are not sufficient, and additional data is needed to answer the question.

19. How is M related to N?

    Statement 1: P, who has only two kids, M and N, is the mother-in-law of Q, who is sister-in-law of N.

    Statement 2: R, the sister-in-law of M, is the daughter-in-law of S, who has only two kids, M and N.

    A. Statement 1 alone is sufficient, but statement 2 alone is not sufficient to answer the question.
    B. Statement 2 alone is sufficient, but statement 1 alone is not sufficient to answer the question.
    C. Both statements taken together are sufficient to answer the question, but neither statement alone is sufficient.
    D. Each statement alone is sufficient.
    E. Statements 1 and 2 together are not sufficient, and additional data is needed to answer the question.

20. What is the colour of the fresh grass?

    Statement 1: Blue is called green, red is called orange, orange is called yellow.

    Statement 2: Yellow is called white, white is called black, green is called brown and brown is called purple.

    A. Statement 1 alone is sufficient, but statement 2 alone is not sufficient to answer the question.
    B. Statement 2 alone is sufficient, but statement 1 alone is not sufficient to answer the question.
    C. Both statements taken together are sufficient to answer the question, but neither statement alone is sufficient.
    D. Each statement alone is sufficient.
    E. Statements 1 and 2 together are not sufficient, and additional data is needed to answer the question.

21. On which day of the week did Hitesh visit the zoo?

    Statement 1: Hitesh did not visit zoo either on Tuesday or on Thursday.

    Statement 2: Hitesh visited zoo two days before his mother reached his house which was day after Monday.

    A. Statement 1 alone is sufficient, but statement 2 alone is not sufficient to answer the question.
    B. Statement 2 alone is sufficient, but statement 1 alone is not sufficient to answer the question.
    C. Both statements taken together are sufficient to answer the question, but neither statement alone is sufficient.
    D. Each statement alone is sufficient.
    E. Statements 1 and 2 together are not sufficient, and additional data is needed to answer the question.

22. The Chairman of a big company visits one department on Monday of every week except for the Monday of third week of every month. When did he visa/the Purchase department?

    Statement 1: He visited Accounts department in the second week of September after having visited Purchase department on the earlier occasion.

    Statement 2: He had visited Purchase department immediately after visiting Stores department but before visiting Accounts department.

    A. Statement 1 alone is sufficient, but statement 2 alone is not sufficient to answer the question.
    B. Statement 2 alone is sufficient, but statement 1 alone is not sufficient to answer the question.
    C. Both statements taken together are sufficient to answer the question, but neither statement alone is sufficient.
    D. Each statement alone is sufficient.
    E. Statements 1 and 2 together are not sufficient, and additional data is needed to answer the question.

IV. Numerical Reasoning

Each question is a sequence of numbers with one or two numbers missing. You have to figure out the logical order of the sequence to find out the missing number(s).

(23) 1, 4, 27, 16, (), 36, 343

A. 125
B. 50
C. 78
D. 132

(24) 20, 19, 17, (), 10, 5

A. 15
B. 14
C. 13
D. 12

(25) 7, 10, 8, 11, 9, 12, ()

A. 13
B. 12
C. 10
D. 7

(26) 6, 11, 21, 36, 56, ()

A.51

B. 71

C. 81

D. 41

(27) 2, 3, 5, 7, 11, (), 17

A. 15

B. 14

C. 13

D. 12

答案：

1. A　由於甲和丙所說內容矛盾，所以其中必有一假，如果丙為假，則甲所說與乙、丁均有矛盾，所以只能甲為假，由此可進一步推知乙、丁都不是團員，答案為A。

2. B　兩個數都為0是和為0的充要條件，所以和為0時，兩數必然為0。答案為B。

3. B　由於乙和丙所說衝突，所以必有一人為假，假設乙所說為假，那麼由丙所說的真話可以推出扒手為乙，而同時甲、丁所說為真，符合條件。故答案為B。

4. D　題幹的意思是彼德英文、法語不可能全懂，但又不可能全不懂，所以答案為D。

5. A　鍾夫人的推理過程是：有人吸煙沒得癌症，而不吸煙的人卻得了癌症，所以吸煙與癌症沒有關係，要反駁這個推論，只要證明大多數吸煙者得癌症的機率高，或者不吸煙的人會因為其他原因而得癌症即可，B、C、D都是反駁的理由，只有A與推理無關。

6. D　選項A中的新型煙灰缸與題幹中的打火機是不同產品，所以A的解釋力度不足；B項「有的」消費者具有普遍性；C項說明的是相反情況的原因。故答案為D。

7. D　甲和丙的預測相矛盾，其中必有一真，這樣，丁和乙都預測錯誤，也就是說美國隊前三名不只拿了一個、美國隊和英國隊都沒拿到第一名，這樣可知前三名順序是：法國、美國、美國。答案為D。

8. D　考查直言命題的對當推理。戴眼鏡的和年輕的說的話是矛盾的，二者必有一真一假。所以，黑臉的和穿外套的說的話都是假的，由穿外套的人的話為假可推出所有人都是該單位的。正確答案是D。

9. Not Given
The nationality of the painters is not specified. While abstract expressionism is described as an "American painting movement" the first paragraph also mentions "the immigration of European avant garde painters to New York".

10. Not Given
While Willem de Kooning and Jackson Pollock are cited as abstract expressionist painters, and the second paragraph states that "Abstract expressionism was not distinguished by a cohesive style and the painters associated with the movement rejected the idea that they were a "school" of art." Nowhere, however, does the passage detail Pollock and de Kooning's views on the matter.

11. False
The second paragraph states that "The work was mostly, but not exclusively, nonrepresentational". A generalization is not the same thing as an absolute.

12. True
This can be implied from the first two sentence reading, "While there is no simple solution to this, internationally the solution has often been to buy out locals and proceed with development plans."

13. False
It can be implied that the opposition was sufficiently organised to arrange for a formal objection to be made.

14. False
This statement misinterprets the information in the passage. The acronym NIMBY (not in my back-yard) is described as a phenomenon. This is the reason for objection in and of itself, reflecting as it does subjective thinking that airport expansion is fine as long as it does not occur near where I live.

15. A
From I, we have: P > M, P > K, A > P.
Thus, A > P > M > K or A > P > K > M. So, Akash is the heaviest.
From II, we have: P > M, A > M, M > K.
Thus, A > P > M > K or P > A > M > K. So, either Akash or Prabhakar is the heaviest.

16. B
Statement I is merely an interpretation of the information contained in the question.
However, Vinod's salary can be ascertained from II as follows : Let Vinod's and Javed's salaries be 4x and 3x respectively. Then, 3x = 4500 or x = 1500. Therefore Vinod's salary = 4x = Rs. 6,000.

17. A
From I, we conclude that since none of A and D is the heaviest and each one of B, E and F is lighter than both A and D, so C is the heaviest.

18. A
In the two statements given in I, the common words are 'But', 'None', 'And' and the common code words are 'Ne', 'Pa', ,'Lo'. So, 'Ne', 'Pa' and 'Lo' are codes for 'But', 'None' and 'And'. Thus, in the first statement, 'Sic' is the code for 'No'.

19. A
From I, we conclude that P is the mother of M and N, while Q is the daughter-in-law of P and sister-in-law of N. Thus, Q is M's wife and hence, M is N's brother.
From II, we conclude that M and N are the children of S. Also, R is the daughter-in-law of S and sister-in-law of M. So, R is N's wife and thus, N is M's brother. Hence, M is either brother or sister of N.

20. B
The colour of fresh grass is 'green' and as given in II, 'green' is called 'brown'. So, the colour of fresh grass is 'brown'.

21. B
According to I, Hitesh visited the zoo on any of the week days except Tuesday and Thursday.
According to II, Hitesh's mother reached his house day after Monday i.e. on Tuesday.
Thus, Hitesh visited zoo two days before Tuesday i.e. on Sunday.

22. A
From I, we can conclude that the Chairman visited Purchase department on Monday of the first week of September.
The time of visit of no department is mentioned in II, which is, therefore, insufficient.

23. A
The series consists of cubes of odd numbers and square of even numbers.

24. B
The Pattern is - 1, - 2, -3, ...

25. C
This is a simple alternating addition and subtraction series. In the first pattern, 3 is added; in the second, 2 is subtracted.

26. C
The pattern is + 5, + 10, + 15, +20,....

27. C
The series consists of prime numbers starting from 2.

Mock Paper 2

演繹推理

請根據以下短文的內容，選出一個或一組推論。請假定短文的內容都是正確的。

1. 甲、乙、丙三個人討論一數學題，當她們都把自己的解法說出來以後，甲說：「我做錯了。」乙說：「甲做對了。」丙說：「我做錯了。」老師看過他們的答案並聽了她們的上述意見後說：「你們三個人有一個做對了，有一個說對了」。那麼，誰做對了呢？

   A. 甲
   B. 乙
   C. 丙
   D. 不能確定

2. 要從代號為A、B、C、D、E、F六個偵查員中，挑選幾個人去破案，人選的配備要求必須注意下列各點：

(1) A、B兩人中至少去一人

(2) A、D不能一起

(3) A、E、F三人中要派兩人去

(4) B、C兩人都去或都不去

(5) C、D兩人中去一人

(6) 若D不去、則E也不去

由此可知：

A. 挑了A、B、F三人去
B. 挑了A、B、C、F四人去
C. 挑了B、C、E三人去
D. 挑了B、C、D、E四人去

3. 醫學界對5種抗菌素進行了藥效比較，得到結果如下：甲藥比乙藥有效，丙藥的毒副作用比丁藥大，戊藥的藥效最差，乙藥與己藥的藥效相同。由此可知：

A. 甲藥與丁藥的藥效相同
B. 戊藥的毒副作用最大
C. 甲藥是最有效的藥物
D. 己藥比甲藥的藥效差

4. 一定的經濟發展水平，只能支持一定數量和質量的人口，因而物質資料的生產和人口增長必須協調發展。人作為生產者、消費者，其數量和質量必須與生產資料的質與量、消費品的結構與數量，以及資金的數量與投資結構等相適應。由上可以推出：

A. 目前中國人口數量與其經濟發展水平已不相適應。

B. 人既是生產者，又是消費者，但生產出的價值遠大於消費掉的。

C. 提高了人的數量和質量，經濟就會發展。

D. 當人的增長數量超過經濟發展水平時，人的消費質量就會下降。

5. 在過去的40年內，不僅農業用殺蟲劑的數量大大增加，而且農民們使用殺蟲劑時的精心和熟練程度也不斷增加。然而，在同一時期內，某些害蟲在世界範疇內對農作物造成的損失的比例也上升了，即使在這些害蟲還沒有產生對現有殺蟲劑的抵抗性時也是如此。

下列哪項，如果正確，最好地解釋了為甚麼在殺蟲劑使用上的提高伴隨了某些害蟲造成的損失更大？

A. 在40年前通用的一些危險但卻相對無效的殺蟲劑，已經不再在世界範圍內使用了。

B. 由於殺蟲劑對害蟲的單個針對性越來越強，因此，用殺蟲劑來控制某種害蟲的成本在許多情況下，變得比那些害蟲本身造成的農作物損失的價值更大。

C. 由於現在的殺蟲劑對特定使用條件的要求要多於40年前，所以現在的農民們對他們農田觀察的仔細程度要高於40年前。

D. 現在有些農民們使用的某些害蟲控制方法中不使用化學殺蟲劑，但卻和那些使用化學殺蟲劑的害蟲控制方法在減少害蟲方面同樣有效。

6. 教授：在長子繼承權的原則下，男人的第一個妻子生下的第一個男性嬰兒總是首先有繼承家庭財產的權利。

   學生：那不正確。侯斯頓夫人是其父惟一妻子的惟一活著的孩子，她繼承了他的所有遺產。

   學生誤解了教授的意思，他理解為：

   A. 男人可以是孩子的父親
   B. 女兒不能算第一個出生的孩子
   C. 只有兒子才能繼承財產
   D. 私生子不能繼承財產

7. 最受歡迎的電視廣告中有一部分是滑稽廣告，但作為廣告技巧來說，滑稽正是其不利之處。研究表明，雖說很多滑稽廣告的觀眾都能很生動地回憶起這些廣告，但很少有人記得推銷的商品名稱。因此，不管滑稽廣告多麼有趣，多麼賞心悅目，其增加銷售量的能力值得懷疑。上文的假設條件是哪一個？

   A. 在觀眾眼裡，滑稽廣告降低了商品信譽。
   B. 滑稽廣告雖然可看性強，但常常不如嚴肅的廣告那樣容易被人記住。
   C. 不能使商品提高知名度的廣告是不能促進銷售量的增加的。
   D. 對滑稽廣告疏遠的觀眾可能和欣賞它的觀眾一樣多。

8. 由於近期的乾旱和高溫，導致海灣鹽度增加，引起了許多魚的死亡。蝦雖然可以適應高鹽度，但鹽度高也給養蝦場帶來了不幸。

以下哪個選項為真，就能夠提供解釋以上現象的原因？

A. 一些魚會游到低鹽度的海域去，來逃脫死亡的厄運。

B. 持續的乾旱會使海灣的水位下降，這已經引起了有關機構的注意。

C. 幼蝦吃的有機物在鹽度高的環境下幾乎難以存活。

D. 水溫生高會使蝦更快地繁殖。

II. Verbal Reasoning

In this test, each passage is followed by three statements (the questions). You have to assume what is stated in the passage is true and decide whether the statements are either:

A. True: The statement is already made or implied in the passage, or follows logically from the passage.

B. False: The statement contradicts what is said, implied by, or follows logically from the passage.

C. Not Given: There is insufficient information in the passage to establish whether the statement is true or false.

Passage 1

In 2008, the mayor of London set a goal of a 400% increase in cycling by 2025. A variety of initiatives have been introduced in order to achieve this target, such as the creation of new bicycle routes into the city, called cycle superhighways.

Based on Paris's popular cycle hire scheme, the Barclays Cycle Hire (BCH) scheme was introduced to London in 2010. Participants pay a small access fee and can then rent bicycles from a fleet of 6,000 and return them to docking stations around the city. Although over 10 million journeys have been taken since the scheme's launch, the BCH is loss-making. The first thirty minutes of any journey are free of charge, so unsurprisingly, 95% of all BCH journeys clock in at under half an hour. The scheme's main income comes from late return penalties.

Cycling in London is widely perceived as dangerous. Cycling advocates believe more measure are needed to unsure London's streets are safe for cyclists. Others argue that the risks are being overstateD.Over half a million bike journeys are made in London every day, with the number of cyclists in London increasing by over 80% since the turn of the century. Conversely, cycling fatalities have fallen by 20% since the new millennium.

9. The Barclays Cycle Hire scheme has been unprofitable because cycling in London is seen to be dangerous

10. The majority of participants in the BCH scheme use the bicycles for short journeys

11. Cycling in London is less dangerous today than it was in the 1900s

Passage 2

Guano - or bird excrement - has long been a big business in Peru. The rocky islands off the country's Pacific coast are home to large populations of seabirds, such as cormorants, pelicans and boobies. The birds' guano contains high concentrations of phosphorus and nitrogen, making it prized as a natural fertilizer and an ingredient in gunpowder.

Although guano has been valued since the Inca Empire, in the 19th century it became a commodity. By the 1840s, guano represented Peru's main source of income, and was exported to Europe and the United States. Guano extraction was carried out by indentured labours and convicts, many of whom perisheD.So great was guano's economic importance that it indirectly contributed to several wars. In the early 19th century, however, the guano industry declined following the discovery of nitrogen fixation, in which nitrogen gas is converted into liquid ammonia fertilizer.

Today the Peruvian guano industry is thriving again. Approximately 23,000 tons of guano are sold annually as organic fertilizer. Extraction remains backbreaking manual labour, as machinery frightens birds away. Although poachers kill thousands of birds each year, Peru's seabird population has doubled over the past four years. Overfishing and climate change are the guano's industry's main threats, as seabirds depend on rich anchovy stocks.

12. Guano was the cause of several wars in the 19th century.

13. Guano export formed the backbone of Peru's economy in the 19th century.

14. The guano industry has been revitalized because organic fertilizer is better for the environment than liquid ammoniA.

III. Data Sufficient Test

In this test, you are required to choose a combination of clues to solve a problem:

15. 'n' is a natural number. State whether $n (n^2 - 1)$ is divisible by 24.

    Statement 1: 3 divides 'n' completely without leaving any remainder.

    Statement 2: 'n' is odd.

    A. Statement 1 alone is sufficient, but statement 2 alone is not sufficient to answer the question.
    B. Statement 2 alone is sufficient, but statement 1 alone is not sufficient to answer the question.
    C. Both statements taken together are sufficient to answer the question, but neither statement alone is sufficient.
    D. Each statement alone is sufficient.
    E. Statements 1 and 2 together are not sufficient, and additional data is needed to answer the question.

16. A policeman spots a thief and runs after him. When will the policeman be able to catch the thief?

    Statement 1: The speed of the policeman is twice as fast as that of the thief.

    Statement 2: The distance between the policeman and the thief is 400 meters.

    A. Statement 1 alone is sufficient, but statement 2 alone is not sufficient to answer the question.
    B. Statement 2 alone is sufficient, but statement 1 alone is not sufficient to answer the question.
    C. Both statements taken together are sufficient to answer the question, but neither statement alone is sufficient.
    D. Each statement alone is sufficient.
    E. Statements 1 and 2 together are not sufficient, and additional data is needed to answer the question.

17. Who got the highest marks among Abdul, Baig and Chiman?

    Statement 1: Chiman got half as many marks as Abdul and Baig together got.

    Statement 2: Abdul got half as many marks as Baig and Chiman together got.

    A. Statement 1 alone is sufficient, but statement 2 alone is not sufficient to answer the question.
    B. Statement 2 alone is sufficient, but statement 1 alone is not sufficient to answer the question.
    C. Both statements taken together are sufficient to answer the question, but neither statement alone is sufficient.
    D. Each statement alone is sufficient.
    E. Statements 1 and 2 together are not sufficient, and additional data is needed to answer the question.

18. Given that side AC of triangle ABC is 2. Find the length of BC.

    Statement 1: AB is not equal to AC

    Statement 2: Angle B is 30 degrees.

    A. Statement 1 alone is sufficient, but statement 2 alone is not sufficient to answer the question.
    B. Statement 2 alone is sufficient, but statement 1 alone is not sufficient to answer the question.
    C. Both statements taken together are sufficient to answer the question, but neither statement alone is sufficient.
    D. Each statement alone is sufficient.
    E. Statements 1 and 2 together are not sufficient, and additional data is needed to answer the question.

19. 50% of the people in a certain city have a Personal Computer and an Air conditioner. What percent of people in the city have a personal computer but not an Air-conditioner.

    Statement 1: 60% of the people in the city have a Personal Computer.

    Statement 2: 70% of the people in the city have an Air-conditioner.

    A. Statement 1 alone is sufficient, but statement 2 alone is not sufficient to answer the question.
    B. Statement 2 alone is sufficient, but statement 1 alone is not sufficient to answer the question.
    C. Both statements taken together are sufficient to answer the question, but neither statement alone is sufficient.
    D. Each statement alone is sufficient.
    E. Statements 1 and 2 together are not sufficient, and additional data is needed to answer the question.

20. Bags I, II and III together have ten balls. If each bag contains at least one

    ball, how many balls does each bag have?

    Statement 1: Bag I contains five balls more than box III.

    Statement 2: Bag II contains half as many balls as bag I.

    A. Statement 1 alone is sufficient, but statement 2 alone is not sufficient to answer the question.
    B. Statement 2 alone is sufficient, but statement 1 alone is not sufficient to answer the question.
    C. Both statements taken together are sufficient to answer the question, but neither statement alone is sufficient.
    D. Each statement alone is sufficient.
    E. Statements 1 and 2 together are not sufficient, and additional data is needed to answer the question.

21. Given that $(a + b)^2 = 1$ and $(a - b)^2 = 25$, find the values 'a' and 'b'.

    Statement 1: Both 'a' and 'b' are integers.

    Statement 2: The value of 'a' = 2

    A. Statement 1 alone is sufficient, but statement 2 alone is not sufficient to answer the question.
    B. Statement 2 alone is sufficient, but statement 1 alone is not sufficient to answer the question.
    C. Both statements taken together are sufficient to answer the question, but neither statement alone is sufficient.
    D. Each statement alone is sufficient.
    E. Statements 1 and 2 together are not sufficient, and additional data is needed to answer the question.

22. Madan is elder than Kamal and Sharad is younger than ArvinD. Who among them is the youngest?

    Statement 1: Sharad is younger than Madan.

    Statement 2: Arvind is younger than Kamal.

    A. Statement 1 alone is sufficient, but statement 2 alone is not sufficient to answer the question.
    B. Statement 2 alone is sufficient, but statement 1 alone is not sufficient to answer the question.
    C. Both statements taken together are sufficient to answer the question, but neither statement alone is sufficient.
    D. Each statement alone is sufficient.
    E. Statements 1 and 2 together are not sufficient, and additional data is needed to answer the question.

IV. Numerical Reasoning (5 questions)

Each question is a sequence of numbers with one or two numbers missing. You have to figure out the logical order of the sequence to find out the missing number(s).

(23) 5, 11, 17, 25, 33, 43, ?

A. 49
B. 51
C. 52
D. 53

(24) 9, 12, 11, 14, 13, ?, 15

A. 12
B. 16
C. 10
D. 17

(25) 0.5, 0.55, 0.65, 0.8, ?

A. 0.7
B. 0.9
C. 0.95
D. 1

(26) 1, 4, 9, 16, 25, ?

A. 35

B. 36

C. 48

D. 49

(27) 2, 1, (1/2), (1/4), ?

A. (1/3)

B. (1/8)

C. (2/8)

D. (1/16)

答案：

I. 演繹推理

1. C　此題使用假設法，假設丙做對了，那麼甲、乙都做錯了，這樣，甲説的是正確的，乙、丙説的都錯了，符合條件，答案為C。

2. B　由（3）可以排除C、D，由（4）排除A，因此答案為B，再代入題中驗證，符合條件。

3. D　由於甲藥比乙藥有效，而乙藥又與己藥藥效相同，所以甲藥比己藥藥效好，答案為D。

4. D　一定的經濟發展水平只能支撐一定數量和質量的人口，所以當人的數量過多時，單個個體的消費水平就會下降，答案為D。

5. B　由於殺蟲劑越來越只能針對單個個體發揮作用，所以對於不同的害蟲需要不同的殺蟲劑，結果導致使用殺蟲劑的成本超過了害蟲在沒有被殺死的情況下給農作物造成的損害，而這種成本的增加最終還是應歸結為是害蟲造成的損失，所以答案應該選B。

6. C　根據教授的結論，長子繼承權是特定男性嬰兒的權利，但並不排除女兒也有可能繼承財產，學生忽略了這個可能，所以造成了誤解，在只有女兒的情況下，女兒當然具有繼承財產的權利，這並不會對長子繼承權構成反駁。

7. C　題幹推理過程是：滑稽廣告使人不能記住商品名稱，所以滑稽廣告不能增加銷售量。這裡顯然缺乏一個前提，即商品名稱能否被記住與銷售量的增減有關係。因此答案為C。

8. C　需要解釋的現象是為何蝦能夠適應高鹽度，養蝦場依然會因為鹽度升高而遭遇不幸，所以最恰當的原因就是C項，正因為如此，蝦缺乏食物，所以蝦仍然難以生存。

9. False
While the third paragraph does indeed claim that "Cycling in London is widely perceived as dangerous", the second paragraph states that"10 million journeys have been taken since the scheme's launch". The scheme's economic failure is due to the high percentage of free journeys.

10. True
The second paragraph states that, "95% of all BCH journeys clock in at under half an hour". Hence the majority of journeys are short.

11. Not Given
While the last paragraph states that "cycling fatalities have fallen by 20% since the new millennium" the same paragraph also mentions that "Cycling advocates believe more measures are needed to ensure London's streets are safe for cyclists." No direct comparison is given to definitively say whether cycling is more or less dangerous, especially as fatalities are not the only measure of danger – no figures are given for injuries.

12. False
The second paragraph states that guano's economic importance "indirectly contributed" to wars. Therefore it cannot be said to have "caused" the wars.

13. True
The second paragraph states that "By the 1840s, guano represented Peru's main source of income."

14. Not Given
There is no comparison given in the passage between liquid ammonia fertilizer and organic fertilizer. You must base your answers only on information provided in the passage.

15. B
According to statement 1, n is a multiple of 3.
Now, say if we take n = 3, the expression is divisible, but in case, we put n= 6 or 12, then the expression is not divisible by 24. Hence statement 1 alone is insufficient.

Statement 2 alone states that n is odd. Now, if we put any odd value in place of n, we find that the expression is divisible by 24. Hence option 2 alone is sufficient.

16. E
Statement 1 only gives the speeds of both, the thief and the policeman, which cannot be helpful in finding the time. Hence statement (1) alone is insufficient.
Similarly statement 2 gives no clue about the time, it only gives the distance between the two. Hence it alone is also insufficient.
Combining both the statements would also not help us knowing the time. Hence the answer cannot be found from the given information.

17. C
Let the marks of Abdul, Baig and Chiman be X, Y and Z respectively.
According to statement 1, $Z = \frac{1}{2}(X + Y)$ or $2Z = X + Y$ ------- (1)
We have only one equation but two unknowns. Hence statement 1 alone is insufficient.
According to statement 2, $X = \frac{1}{2}(Y + Z)$ or $2X = Y + Z$ ------- (2)
Again, we have only one equation but two unknowns. Hence statement 2 alone is also insufficient.
However, if we combine both the statements, we get two different equations from which we can find the answer.

18. E
The given properties of the triangle are insufficient to provide any relationship between the sides or the angles of the triangle. It is given that angle Q is 30 degree and side PR is equal to 2. QR could be of any length, which cannot be deduced from the given information.

19. A
According to statement 1, 60 - 50 = 10% of people have a Personal Computer but not an Air-conditioner. Hence statement 1 alone is sufficient to answer the given question.
Statement 2 only helps in finding out what percentage of people have Airconditioner and not the percentage of people having Personal computer.
Hence it is insufficient to derive the answer.

20. C
From statement 1, only two combinations are possible. Bag III contains 1 and bag I contains 6 or bag III contains 2 and bag I contains 7 balls. This
information alone is insufficient to answer the given Question.
From statement 2, there are three possibilities; bag II has 1, bag I has 2; bag II has 2, bag I has 4, and bag II has 3, bag I has 6 balls. Hence it also is insufficient.
If both the statements are combined, we get the possible answer, bag I has 6, bag III has 1 and bag II has 3 balls. Hence we need both the statements together to answer the given question.

21. B
On solving both the equations given in the main question, we get ab = - 6. ----- (1)
Now according to statement 1, a and b are integers, they can be [2, - 3]; [-2, 3]; [1, - 6]; [6, - 1], etc. So statement 1 alone is insufficient.
According to statement 2, a = 2. Hence b = - 2 ---- [from equation ----(1)]
Hence statement 2 alone is sufficient.

22. B
As given, we have: M > K, A > S.
From II, K > A. Thus, we have: M > K > A > S.
So, Sharad is the youngest. From I, M > S. Thus, we have: M > K > A > S or M > A > K > S or M > A > S > K.

23. D
The sequence is +6, +6, +8, +8, +10, ...

24. B
Alternatively, 3 is added and one is subtracted.

25. D
The pattern is + 0.05, + 0.10, + 0.15, ...

26. B
The sequence is a series of squares, 12, 22, 32, 42, 52....

27. B
This is a simple division series; each number is one-half of the previous number.

看得喜 放不低

創出喜閱新思維

書名 郵差投考全攻略 Postal Recruitment Handbook
ISBN 978-988-78874-4-7
定價 HK$98
出版日期 2019年1月
作者 Fong Sir
責任編輯 投考公務員系列編輯部
版面設計 西爾侖
出版 文化會社有限公司
電郵 editor@culturecross.com
網址 www.culturecross.com
發行 香港聯合書刊物流有限公司
地址：香港新界大埔汀麗路36號中華商務印刷大廈3樓
電話：（852）2150 2100
傳真：（852）2407 3062

版權所有 翻印必究（香港出版）

（作者已盡一切可能以確保所刊載的資料正確及時。資料只供參考用途，讀者也有責任在使用時進一步查證。對於任何資料因錯誤或由此引致的損失，作者和出版社均不會承擔任何責任。）

未經本公司授權，不得作任何形式的公開借閱。本刊物出售條件為購買者不得將本刊租賃，亦不得將原書部份分割出售。